Rheinisch-Westfälische Akademie der Wissenschaften

Natur-, Ingenieur- und Wirtschaftswissenschaften Vorträge · N 212

BRUNO LEWIN

Der koreanische Anteil am Werden Japans

Westdeutscher Verlag

211. Sitzung am 17. März 1976 in Düsseldorf

Gesamtherstellung: Westdeutscher Verlag GmbH
ISBN 978-3-531-07215-9 ISBN 978-3-322-90056-2 (eBook)
DOI 10.1007/978-3-322-90056-2

I.

Ende März 1972 ging die Nachricht durch die japanische Presse, daß in der Präfektur Nara ein Hügelgrab geöffnet worden sei, das wahrscheinlich aus dem späten 7. Jh. stamme und im Innern gut erhaltene Wandmalereien aufweise, die Ähnlichkeiten mit koreanischen Grabmalereien aus derselben Epoche zeigten. Dieser Fund im Hügelgrab Takamatsuzuka, das von Archäologen des Kashiwara-Instituts untersucht wurde[1], entfachte wieder einmal in Japan die Diskussion um die Herkunft des japanischen Volkes und seiner Kultur, diesmal unter breiter Anteilnahme der Öffentlichkeit durch Berichte, Interviews und Gesprächsrunden, die von den Massenmedien publik gemacht wurden.

Diese Herkunftsfrage hat seit jeher einheimische und ausländische Betrachter bewegt, denn das japanische Volk, seine Kultur und geschichtliche Tradition, die als einheitliches Gebilde stärker in Erscheinung treten als etwa bei der durch die Insellage vergleichbaren britischen Nation, erweisen sich bei genauerem Nachforschen als komplex und in den Ursprüngen heterogen. Der erste deutsche Forschungsreisende allerdings, Engelbert Kaempfer aus Lemgo, der als Arzt in holländischen Diensten von 1690 bis 1692 in Nagasaki weilte, vertrat noch die Ansicht, daß „die Japaner eine selbstständige originale Nation“ seien: „Diese müste ohne Zweifel unmittelbar von den babylonischen Völkern nach diesen Inseln ausgezogen seyn; ob es sich gleich nicht bestimmen läst, wie lange sie auf ihrer Reise dahin mögen zugebracht haben. Es ist aber sehr wahrscheinlich, daß sie sich unterwegens bei andern Völkern nicht lange aufgehalten oder wenigstens mit denselben sich nicht vermischt haben, weil sie sonst ihre in der babylonischen Verwirrung erhaltene selbstständige Sprache nicht ohne den Zusaz fremder Worte würden haben erhalten können.“[2] – Kritischer und realistischer sah der zweite deutsche Forschungsreisende in Japan, Philipp Franz von Siebold, der in ähnlicher Position wie Kaempfer 135 Jahre später dort war, die Entstehung

[1] Vgl. J. E. Kidder Jr.: The Newly Discovered Takamatsuzuka Tomb. In: Monumenta Nipponica XXVII. Tôkyô 1972.

[2] E. Kaempfer: Geschichte und Beschreibung von Japan. Hrsg. v. Ch. W. Dohm 1777–1779. Unveränd. Neudruck Stuttgart 1964. Bd. 1, S. 101.

des japanischen Volkes, indem er dessen Wiege in Korea, Ezo und Sachalin oder in der Mandschurei suchte und eine Vermischung „bis zu einem Drittel mit Einwanderern" annahm, die „in der Zeit von Zinmu Tenwo bis Taiko ... sowohl aus Korea wie aus China und anderen überseeischen Ländern" gekommen seien[3]. – In ähnliche Richtung waren bereits die Feststellungen der europäischen Missionare aus dem sog. Christlichen Jahrhundert des vormodernen Japan (1549–1639) gegangen. So äußerte sich beispielsweise der Spanier Morejon in einer einprägsamen Synopsis der japanischen Geschichte: „Nach dem, was man aus ihren Büchern und Legenden zusammentragen kann, wurden diese Inseln von Menschen bevölkert, die zu Schiffe von Korea, dem chinesischen Festland und den benachbarten Königreichen im Westen von Japan herüberkamen, ebenso aus der Tartarei, von der Japan durch einen Kanal getrennt ist, der zwischen dem fernsten Punkt des Königreiches Ôshû und der Spitze von Ezo fließt. Nichts ist darüber bekannt, wie und wann dies einsetzte, nur daß es in sehr alten Zeiten geschah. Aber es ist sicher, daß die Gründung des Königreiches mit dem Beginn eines richtigen Königtums 660 Jahre vor Christi Geburt stattfand, was 90 Jahre vor der Gründung Roms wäre."[4] Was Morejon hier als gesichert bezeichnet, ist bekanntlich die traditionelle japanische Auffassung von der Gründung des japanischen Reiches durch Jimmu-tennô, der nach dem sog. Götterzeitalter die Dynastie der irdischen Kaiser im Lande Yamato begründet haben soll. Mythologie und legendäre Frühgeschichte Japans, wie sie in den einheimischen Aufzeichnungen des frühen 8. Jhs. überliefert sind, geben hierüber Auskunft und waren bis in unser Jahrhundert sakrosankt. Typisch für diese Auffassung ist beispielsweise ein mittelalterliches Geschichtswerk mit dem bezeichnenden Titel „Buch von der wahren Gott-Kaiser-Herrschaftslinie" (Jinnô-shôtô-ki), in dem es heißt: „Japan ist Götterland. Der himmlische Urahn begründete es zu Anbeginn. Die Sonnengottheit setzt, hin durch die Zeiten, ihrer Linie Herrschaft darin fort: nur in unserem Lande gibt es dies, in anderen Ländern gibt es nichts dergleichen."[5]

Die altüberkommene Doktrin von der göttlichen Abkunft der japanischen Herrscher, ursprünglich eine Konstruktion zur Sicherung des Herrschafts-

[3] Ph. Fr. v. Siebold: Nippon. Archiv zur Beschreibung von Japan. Würzburg u. Leipzig ²1897. Bd. 1, S. 281ff.

[4] Pedro Morejon S. J.: Historia y Relación de lo sucedido en los Reinos de Iapon ... 1615–1619. Lissabon 1621. Zitiert nach M. Cooper S. J.: They Came to Japan. An Anthology of European Reports on Japan. 1543–1640. Berkeley and Los Angeles 1965, S. 23. – Mit dem „Königreich Ôshû" ist die alte Nordprovinz Mutsu der jap. Hauptinsel Honshû gemeint.

[5] H. Bohner: Jinnô-Shôtô-ki. Buch von der Wahren Gott-Kaiser-Herrschafts-Linie. Verfaßt von Kitabatake Chikafusa. Tôkyô, Jap.-Dtsch. Kultur-Institut 1935, Bd. 1, S. 191, 199.

anspruchs einer frühjapanischen Adelslinie, hat bis in die 40er Jahre unseres Jahrhunderts die Darstellung der altjapanischen Geschichte bestimmt und beispielsweise den Satz von dem „fast 3000jährigen Bestand des japanischen Kaiserreiches seit Erschaffung der Welt" zu einem Standard der Lehrbücher gemacht[6]. Eine solche Doktrin mußte sich negativ auf die Erforschung der Vor- und Frühgeschichte Japans auswirken. Erst nach 1945 konnte sich die Forschung hier frei entfalten[7]. Dennoch ist die Herkunftsfrage, der diese einleitenden Bemerkungen gewidmet sind, nach wie vor ein nicht befriedigend gelöstes Problem der Japanologie[8]. Grosso modo gilt noch immer die Feststellung von Sansom in seiner „History of Japan" vom Jahre 1958: „The origins of the Japanese people are not known for certain, but most students of their history believe that they are of mixed ancestry which includes a strong strain of immigrants from northern parts of the Asian mainland and a perhaps less dominant strain from coastal regions of southeast Asia or, less probably, from Indonesia or Polynesia."[9]

Daß ein starker Anteil von Einwanderern aus dem asiatischen Kontinentalraum das japanische Volk zumindest mitgeformt hat, läßt allein schon ein Blick auf die geographische Lage des Inselbogens für wahrscheinlich halten: Im Norden bilden die Inseln Hokkaidô und Sachalin eine Festlandbrücke nach Sibirien, im Süden stellt die koreanische Halbinsel die Verbindung zum mandschurischen und chinesischen Raum her. Weit lockerer ist der geographische Konnex mit dem austronesischen Gebiet, markiert durch die Inselkette der Ryûkyû am asiatischen Festlandsockel. Am Rande sei hier bemerkt, daß die japanischen Inseln bis in die geologische Gegenwart über die genannten Verbindungslinien mit dem Festland zusammenhingen, was u. a. durch fossile Funde von Säugetieren und Hominiden belegt ist, die im Pleistozän auf dem Landwege nach Japan gelangt sein müssen[10].

6 Z. B. in einer Geschichtsübersicht für Schulzwecke: Hyôkai Nihonshi. Hrsg. v. Chûtô-kyôiku-kenkyûjo. Tôkyô 1924 ([22]1930), S. 1.

7 In der renommierten K. B. S. Bibliography of Standard Reference Books for Japanese Studies with Descriptive Notes, Vol. III History and Biography, Part I (Tôkyô 1963), sind unter den 26 Titeln der Rubrik „Earliest Times" nur drei Titel aus der Zeit vor 1945 aufgeführt.

8 Die verschiedenen älteren Theorien findet man übersichtlich aufgelistet bei H. Nishioka u. W. E. Schenck: An Outline of Theories Concerning the Prehistoric People of Japan. In: American Anthropologist. New Ser. Vol. 39 (1937), S. 23ff.

9 G. Sansom: A History of Japan to 1334. Stanford Calif. 1958 ([4]1967), S. 12.

10 Endô hat durch Untersuchungen von Meeresablagerungen nach der Radiokarbon-Methode festgestellt, daß in der Zeit von 20 000 bis 18 000 v. Chr. der Meeresspiegel an der Küste des Japanischen Meeres ca. 130–140 m tiefer lag. Vgl. K. Endô: Sea Level Change in the Past 20 000 Years Along the Coast of Japan – Radiocarbon Dating of Marine Deposits. In: Kôkogaku-janaru 6 (1967), S. 6–9 (jap.). – Zusammenfassend über die altzeitlichen Landverbindungen des japanischen Archipels berichtet Ch. S. Chard: Northeast Asia in Prehistory. Univ. of Wisconsin Press 1974.

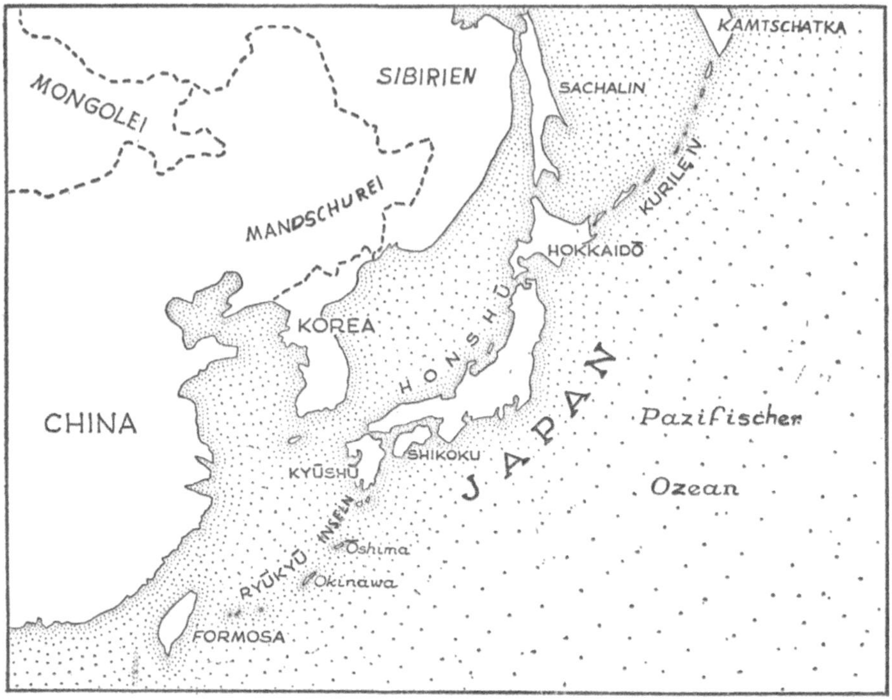

Japan im ostasiatischen Raum (nach G. J. Groot: The Prehistory of Japan)

Uns soll hier nur die Landbrücke Korea beschäftigen, die in der Entwicklungsgeschichte des japanischen Volkes eine besonders große Rolle gespielt hat. Die Meerenge, die sie von Japan trennt, bemißt sich auf knapp 200 km und wird durch die Inselstationen Tsushima und Iki noch leichter überquerbar gemacht. Kontakte bestanden daher zwischen den hier und dort lebenden Völkern in allen überblickbaren Epochen; Kontakte sehr unterschiedlicher Natur, bei denen die koreanische Seite im Grunde stets die gebende, die japanische die nehmende war.

Diese Kontakte spiegeln sich bereits in der Mythologie, und es ist bezeichnend, daß in den japanischen Mythen des sog. Götterzeitalters, überliefert in den ältesten Aufzeichnungen aus dem 8. Jh., dem Kojiki, Nihonshoki und den Fudoki, eine auf Korea bezogene Komponente unverkennbar ist. So gibt es im schintoistischen Pantheon Gottheiten koreanischer Herkunft, wie Kara-no-kami, Sohori-no-kami[11] oder den als Stammvater einer

[11] „kara", auch „kaya": alter Name der südkoreanischen Küstenregion. „sohori" < „söpori" = mittelkor. syöβïl „Residenz" (neukor. sŏul/Seoul).

Gruppe koreanischer Einwanderer geltenden Ame-no-hiboko[12]. In den Mythenkreis der alten Provinz Izumo, an der Küste des Japanmeeres Korea gegenüber gelegen, gehört die Geschichte vom „Landziehen" der Gottheit Yatsukamizu-omizunu, welche Landvorsprünge des südostkoreanischen Altreiches Silla zur Arrondierung Izumos an Seilen herübergezogen haben soll. Erwähnenswert ist ferner, daß in den Izumo-Mythen das Metall (vor allem Waffen) einen wichtigen Platz einnimmt, was an die Eisenkultur des alten Silla und frühe Beziehungen Izumos dorthin erinnert. Auch wird von Susano'o, dem ungebärdigen Ahnengott Izumos, berichtet, daß er, verbannt, mit seinem Sohn Idakeru in Silla vom Himmel gestiegen sein soll[13]. Schließlich zeigt sogar der Mythos von der Herabkunft des Enkels der Sonnengottheit und Reichsgründers eine Beziehung zu Korea: Er soll auf dem Berge Takachiho, der meist in Nord-Kyûshû lokalisiert wird, herabgestiegen sein und sich geäußert haben, daß dieser Platz „Kara" (= Südkorea) gegenüber liege und ein sehr guter Platz sei[14]. Übrigens zeichnet sich der Mythos der ersten koreanischen Staatsgründung Chosŏn ebenfalls durch das Motiv der Herabkunft des Himmelssohnes Tangun auf einen Berg (T'aebaeksan) aus[15]. Angeschlossen sei hier noch die Bemerkung, daß der japanische Schamanismus, seit der Mythologie in den Quellen bezeugt und noch in Resten lebendig, im koreanischen Schamanismus eine eklatante Parallele hat[16].

Schon die japanischen Mythen weisen also auf Beziehungen zu Korea hin. Weit mehr tun dies die chronikalen Darstellungen der Frühgeschichte in den altjapanischen Schriftdenkmälern. Aus ihnen ist zwar nicht die Antwort auf die Frage nach der Herkunft des japanischen Volkes ablesbar, wohl aber eine Kenntnis der Kulturgüter zu gewinnen, die Japan Korea im Altertum zu verdanken hat. Bevor wir der Frage nach dem Anteil Koreas am Werden Japans nachgehen, ist eine kurze Betrachtung der japanischen und koreanischen Auffassungen zu diesem Thema aufschlußreich.

[12] Diese Einwanderer hatten den Namen „izushibito". Im Kojiki (712) wird Ame-no-hiboko als Königssohn aus Silla ausgegeben. Vgl. Sh. Mishina: Nissen-shinwa-densetsu no kenkyû (Untersuchungen zu den jap. und kor. Mythen und Sagen). Tôkyô 1943 S. 207f.

[13] Ein Ort Soshimori wird als sein Verbannungsort angegeben, vermutlich mit einem Ort in der koreanischen Provinz Kangwŏn identifizierbar. Vgl. K. Florenz: Die historischen Quellen der Shinto-Religion. Göttingen 1919, S. 169.

[14] Florenz, a. a. O., S. 72. Es ist sehr fraglich, ob „kara" als „öde" „leer" zu interpretieren ist, wie Florenz meinte.

[15] Der Tangun-Mythos ist überliefert im Samguk-yusa (13. Jh.). Vgl. Tae-Hung Ha u. G. K. Mintz: Samguk Yusa, Legends and History of the Three Kingdoms of Ancient Korea. Seoul 1972, S. 32.

[16] Vgl. M. Eder: Shamanismus in Japan. In: Paideuma, Mittlg. zur Kulturkunde VI, 7 (1958). – Ch. Chang: Mu-sok – the Shaman Culture of Korea. In: Folk Culture in Korea. Seoul 1974 (Korean Culture Series 4).

Geschichtlich gesehen ist das Verhältnis beider Völker durch japanische Aggressionen seit dem Altertum belastet. Vom 4. bis zum 7. Jh. mischten sich die Japaner mit militärischen Operationen in die Kämpfe der drei altkoreanischen Reiche, und sie unterhielten lange Zeit einen Brückenkopf an der koreanischen Südküste. Vom 13. bis 16. Jh. wurden die koreanischen Küstenregionen immer wieder von japanischen Piraten heimgesucht. Ende des 16. Jhs. erfolgte der Korea-Feldzug des japanischen Generalissimus Toyotomi Hideyoshi, der auf diesem Wege das chinesische Ming-Reich unterwerfen wollte und mit seinen Expeditionen viel Leid und Verwüstung nach Korea trug. Seither stauten sich die Antipathien, die nach dem Ausbau der politischen und militärischen Einflußsphäre Japans in Korea seit dem Vertrag von Kanghwa (1876) und während der Kolonialisierung Koreas durch Japan (1910–1945) voll zum Ausbruch kamen und selbst in der Gegenwart deutlich nachwirken. Japanischerseits wurde Korea kaum je als gleichrangiger Partner anerkannt; aber auch in der koreanischen Geschichte galt Japan seit dem Mittelalter als inferiorer Nachbar, dies um so mehr, als Korea sich zeit seiner Geschichte an der überlegenen Kultur Chinas orientierte. Die historisch belastete gegenseitige Einschätzung hat den Blick auf die frühen Beziehungen beider Völker getrübt. Auf koreanischer Seite bestand die Tendenz, das japanische Inselvolk als ursprünglich fremd und unkultiviert anzusehen und seine Entwicklung allein dem sinokoreanischen Einfluß zuzuschreiben. Andererseits herrschte in Japan die Auffassung von Korea als einem jüngeren Verwandten, der in der Frühzeit meist vom Inselreich abhängig war. Hoshino, ein Pionier der modernen japanischen Geschichtswissenschaft, betrachtete Japan und Korea sogar als territoriale, völkische und sprachliche Einheit mit einem dynastischen Sitz in Japan, eine Einheit, die erst im 7. Jh. begonnen habe sich aufzulösen[17]. Auch der japanische Sprachwissenschaftler und Koreanist Kanazawa bezeichnete die koreanische Sprache als einen Zweig des Japanischen und verglich ihr Verhältnis mit dem zwischen Deutsch und Holländisch[18]. Dies geschah zu der Zeit, als Korea japanische Kolonie wurde (1910) und galt nicht zuletzt dem Zwecke, durch den Nachweis der Verwandtschaft die Annexion zu rechtfertigen. So ist auch die Darstellung des japanischen Historikers Kida zu werten, der in seinem Buch über „Die Vereinigung mit Korea und dessen Geschichte“ den

[17] H. Hoshino: Hompô no jinshu-gengo ni tsuki hikô wo nobete yo no magokoro aidokusha ni tadasu (Meine Ansicht über Volk und Sprache unseres Landes, Fragen an einen wirklichen Patrioten). In: Shigaku-zasshi I, 11 (1890), S. 18.

[18] Sh. Kanazawa: The Common Origin of the Japanese and Korean Languages. Tôkyô 1910, S. 1.

Standpunkt der Urverwandtschaft stark betonte[19]. Diese Tendenz spielte bis zum Ende des Zweiten Weltkrieges in der japanischen Forschung ihre Rolle. Eine objektivere Erfassung der japanisch-koreanischen Beziehungen im Altertum hat sich erst in den letzten Dezennien durchgesetzt, repräsentiert durch Arbeiten japanischer Wissenschaftler wie Mishina Shôei, Hatada Takashi oder Egami Namio[20]. – Die koreanische Geschichtswissenschaft wurde während der japanischen Besetzung unterdrückt, und soweit sich ihre Vertreter artikulieren konnten, geschah dies zumeist polemisch mit dem Ziele der nationalen Befreiung. Jedenfalls blieb das Thema der japanisch-koreanischen Beziehungen, zumal im Hinblick auf Vor- und Frühgeschichte und eine etwaige Urverwandtschaft beider Völker, koreanischerseits wenig gefragt noch opportun. Auch ist die koreanische Geschichtswissenschaft aus alter Tradition mehr am kontinentalen Nachbarn China interessiert, so daß die hier im Mittelpunkt stehende Thematik koreanische Historiker nach wie vor nur marginal berührt[21]. Und wenn sie sich neuerdings stärker mit ihr beschäftigen, so findet man bei ihnen die Tendenz, das altjapanische Reich als eine koreanische Staatsgründung anzusehen[22].

Bei alledem steht außer Frage, daß für das Entstehen des japanischen Volkes, vor allem seiner Kultur, die koreanische Komponente sehr bedeutsam ist. Will man diese Komponente genauer betrachten, so harrt zuerst einmal die Frage nach Merkmalen primärer Übereinstimmung beider Völker, also ihrer etwaigen Urverwandtschaft, der Beantwortung. Nachdem diese prähistorische Schicht erhellt ist, soll die Frage der Kontakte und ihrer Aus-

[19] T. Kida: Kankoku no heigô to kokushi. Tôkyô 1910. – Diese Schrift führte allerdings wegen Abweichungen von der offiziellen Geschichtsauffassung zu seiner Entlassung. In einem späteren Artikel (Nissen-ryôminzoku-dôgen-ron „Theorie von der gleichen Abstammung des japanischen und koreanischen Volkes") in: Minzoku to rekishi VI, 1 (1921), versuchte er eine Korrektur, ohne jedoch seine im wesentlichen wissenschaftlich begründete und einsichtsvolle Auffassung aufzugeben. Vgl. F. Vos: Volken van één stam. Den Haag 1959, S. 6ff. Erinnert sei hier auch an die Maßregelung des Althistorikers Tsuda Sôkichi, der wegen Abweichungen von der Tennô-Doktrin 1942 eingekerkert wurde. Vgl. S. Ienaga: Tsuda Sôkichi no shisôteki kenkyû (Die philosophischen Forschungen von Ts. S.). Tôkyô 1972.

[20] 1974 äußerte sich Hatada wie folgt: „The Nissen-dôsoron (Theorie der jap.-kor. Urverwandtschaft) developed from research into the history of early ties with Korea and was used by the Government as an ideological prop in support of Japanese domination and the assimilation policy. Because it was used to justify control of Korea, we must treat it with special care." Vgl. T. Hatada: The Significance of Korean History. In: The Japan Interpreter 9, 2, Tôkyô 1974, S. 173.

[21] Vgl. Ch. Kim: History. In: Korean Studies Today. Hrsg. v. Lee Sungnyong. Seoul 1970, S. 221ff.

[22] Der nordkoreanische Historiker Kim Sŏkhyŏng hat erstmals 1963 seine Theorie altjapanischer „Teilstaaten" (punguk) als Gründungen von Immigranten aus den altkoreanischen Reichen aufgestellt. Siehe unten Anm. 72.

wirkungen in einer sekundären Schicht frühgeschichtlicher Erreichbarkeit behandelt werden. Über die prähistorische Schicht vermögen am ehesten anthropologische, archäologische und linguistische Faktoren Auskunft zu geben, während sich für die sekundäre Schicht insonderheit historiographisches Material neben dem archäologischen als Quelle anbietet.

II.

Wenden wir uns zunächst der Frage der Urverwandtschaft aus der Sicht der Anthropologie zu. Die Tatsache, daß beide Völker mongoloide Charakteristika aufweisen, ist für die Beantwortung unserer Frage ebensowenig relevant wie anthropometrische Vergleiche der rezenten Koreaner und Japaner. Die physischen Formenmerkmale der Japaner sind genau untersucht und mit entsprechenden Daten anderer ostasiatischer Völker verglichen worden[23], ohne daß daraus schlüssige Verwandtschaftsbeweise ableitbar wären. Allein schon die Änderungen somatischer Kennzeichen in Abhängigkeit von klimatischen oder sozioökonomischen Bedingungen zeigen die Unanwendbarkeit solcher Meßergebnisse für die prähistorische vergleichende Anthropologie. Diese muß sich vielmehr auf die ältesten erreichbaren Skelette und Skelettreste stützen, um akzeptable Werte vorweisen zu können. Für den koreanisch-japanischen Raum gibt es lithische Funde einer präkeramischen Kultur des Paläolithikums, Skelettfunde stammen jedoch außer geringen Relikten erst aus dem Neolithikum[24]. Sie sind besonders von japanischer Seite sorgfältig untersucht worden[25]. Die anthropometrischen Daten haben ergeben, daß für die Inselbewohner des Neolithikums, die Träger der sog. Jômon-Kultur, keine Identifizierung mit den Ainu, der nordjapanischen Altbevölkerung, noch mit den ältesten nachweisbaren Bewohnern der korea-

[23] Eine gründliche Studie verdanken wir Y. Imamura und G. Shima: Racial Relations among Eastern Asiatic Peoples based upon Male Skulls. In: Jinruigaku-zasshi 50, 3 (1935). Einen Bericht über die Ergebnisse anthropologischer Forschungen in Japan gibt I. Komatsu: The Japanese People. Origins of the People and the Language. Tôkyô 1962 (Series on Japanese Life and Culture, Vol. 1). Über serologische und daktyloskopische Kriterien zur Unterscheidung der Japaner und Ainu berichtet u. a. S. Ohno: The Origin of the Japanese Language. Tôkyô 1970 (jap. 1957) (Japanese Life and Culture Series).

[24] In den 60er Jahren sind erste Skelettreste aus dem späten Paläolithikum in Japan entdeckt worden, die bislang jedoch nur spekulative anthropologische Zuordnungen erlauben. Vgl. H. Suzuki: Nihon-kôseki-sô no jinrui (Der Mensch des jap. Pleistozäns). In: Nihon no kôkogaku I. Tôkyô 1965.

[25] Vgl. K. Kiyono: Kodai-jinkotsu no kenkyû ni motozuku Nihon-jinshu-ron (Theorien über die japanische Rasse aufgrund von Untersuchungen altzeitlicher Skelette). Tôkyô 1949.

nischen Halbinsel möglich ist[26]. Etwa gleich große Unterschiede trennen sie auch von den rezenten Japanern[27]. Anthropologische Affinitäten prähistorischer Menschen im koreanischen und japanischen Raum lassen sich nicht zwingend als Gleichheit oder Verwandtschaft deuten. Urtümliche Kontakte bestanden zweifelsfrei, so daß mit frühzeitiger Mischung gerechnet werden muß. Der französische Japanologe Haguenauer, der in einer großen synoptischen Studie der Herkunft des japanischen Volkes und seiner Kultur auch den anthropologischen Aspekt behandelt, vertritt die Ansicht: „Un métissage relativement tardif pourrait, à la rigueur, expliquer à lui seul les affinités partielles qu'on croit avoir découvertes présentement entre les unes et les autres.“[28]

Erschwert wird die prähistorische Anthropologie in dem fraglichen Raum durch den archäologisch gestützten Umstand, daß hier Migrationsbewegungen zu Überschichtungen geführt haben und daß die Relikte anthropologisch schwer deutbar sind, was viele Hypothesen entstehen ließ. Die ostasiatischen vor- und frühgeschichtlichen Völkerbewegungen zeigen eine Migrationsrichtung vom Kontinentalraum in die Küstenregionen, wobei der japanische Inselbogen als präpazifischer Stauraum mehrere ethnische Schübe aufgenommen hat, die sich hier zumindest teilweise mischten. Von den drei Migrationsbrücken Sachalin, Korea und Okinawa erweist sich die Halbinsel Korea als ein Raum ähnlicher „biodynamischer Spannung“ – um einen Terminus Eickstedts zu bemühen[29] – wie der japanische Inselbogen.

Über die vorgeschichtlichen Menschen, die diesseits und jenseits der Koreastraße lebten, vermag mehr noch als die Anthropologie die Archäologie Aussagen zu machen. Seitdem 1949 in Iwajuku (Präf. Gumma) die erste Fund-

[26] E. Fr. v. Eickstedt (Rassendynamik von Ostasien. Berlin 1944, S. 485) schloß sich der Auffassung älterer japanischer Anthropologen an, welche die Proto-Japaner als den Ainu nahestehende Europäide ansahen.

[27] Die Hypothesen über den Zusammenhang der rezenten Japaner, Proto-Japaner und Ainu hat Befu in einem übersichtlichen Diagramm dargestellt:

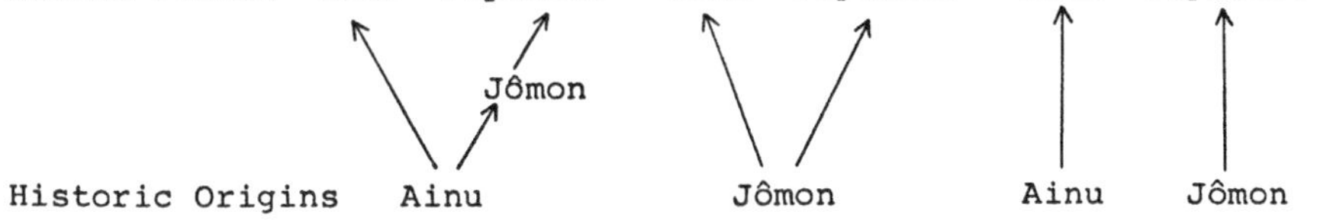

Vgl. H. Befu: Japan. An Anthropological Introduction. San Francisco 1971, S. 16. – Zum Begriff „Jômon“ siehe unten, S. 14.

[28] Ch. Haguenauer: Origines de la Civilisation japonaise. Vol. I. Paris 1956, S. 51. – Generell verficht Haguenauer die These von nur kontaktbedingten Affinitäten zwischen Japanern und Koreanern.

[29] Vgl. v. Eickstedt, a. a. O., S. 481.

stelle einer paläolithischen präkeramischen Kultur in Japan entdeckt wurde[30], sind an die 500 Ausgrabungen vorgenommen worden, die paläolithische Kulturen in Japan bezeugen. Vor allem konnten zahlreiche mikrolithische Artefakte gefunden und untersucht werden. Deren Typen gleichen der weiten nordostasiatischen Mikrolithenkultur, von der erste Relikte in den 60er Jahren auch in Korea entdeckt worden sind (Funde von Kulp'ori 1963, Pup'ori 1964)[31]. Träger dieser paläolithischen Kulturen können durchaus heterogene Gruppen des Homo sapiens gewesen sein, die nach Korea und Japan gelangten.

Dies gilt ebenso für die neolithischen Kulturen beider Gebiete, die sich als Keramik-Kulturen entwickelten und zeitlich etwa vom 7. bis ins 1. vorchristliche Jahrtausend reichten[32]. Für das koreanische Neolithikum sind Kammkeramiken einer Fischer- und Jäger-Population merkmalhaft. Sie sind vergleichbar mit der archaischen Keramik Japans, die als Proto-Jômon bezeichnet wird[33]. Hingegen ist die Keramik der folgenden Jômon-Kulturen – so genannt nach dem Leitdekor, dem Schnurmuster (jap. jômon) – völlig andersartig. Sie zeichnet sich durch eine außerordentliche Vielfalt der Entwicklungsformen aus. Allerdings wurde in Nord-Kyûshû ein neolithischer Keramiktyp entdeckt, welcher weithin der koreanischen Kammkeramik ähnelt[34]. – Die Funde erlauben bislang keine verläßlichen Aussagen über die ethnische Zuordnung der neolithischen Menschen in Japan und Korea. Die japanischen Jômon-Menschen waren Wildbeuter, die in familienartigen Kleingruppen lebten und gegen Ende des Neolithikums auch schon Stammesgruppen bildeten. Die koreanischen Wildbeuter der Kammkeramik-Kultur waren nach den neuesten Auffassungen koreanischer Wissenschaftler Paläoasiaten, die der sibirischen neolithischen Population zuzuordnen sind[35]. Das in der koreanischen Mythologie figurierende Reich Chao-

[30] J. E. Kidder: Japan Before Buddhism (London 1959) berücksichtigt in seiner Darstellung bereits die vorkeramische Iwajuku-Kultur. Bei G. J. Groot: The Prehistory of Japan (New York 1951) wird sie noch nicht behandelt.

[31] Vgl. Sohn, Pow-key: Palaeolithic Excavations in Korea. In: The Traditional Culture and Society of Korea. Prehistory. Hrsg. v. R. J. Pearson. Occasional Papers of the Center for Korean Studies. No. 3. Univ. of Hawaii. Honolulu 1975, S. 30ff.

[32] Die Auffassungen über den Beginn der Jômon-Zeit gehen weit auseinander. Während die meisten jap. Archäologen 6000 bis 8000 v. Chr. als Grenze annehmen, datieren westliche Gelehrte den Beginn auf ca. 4500–3700 v. Chr. (Kidder, a. a. O.) oder gar auf 3000 v. Chr. (Groot, a. a. O.) bis 2500 v. Chr. (R. K. Beardsley: Japan Before History. In: Far Eastern Quarterly 19, 3/1955).

[33] Vgl. M. Loehr: Vorgeschichte Japans. In: Abriß der Vorgeschichte. München 1957, S. 145 (Oldenbourgs Abriß der Weltgeschichte).

[34] Vgl. Sh. Otomasa: Kyûshû-seihoku (Nordwest-Kyûshû). In: Nihon no kôkogaku II Jômôn-jidai. Tôkyô 1965, S. 250f.

[35] Vgl. Kim, Chŏnghak: Han'guk ŭi kogohak (Archäologie Koreas). Seoul 1972. – Kim Chŏnbae: Han'guk-minjok-munhwa ŭi kiwŏn (Die Entstehung der Kultur des koreanischen Volkes). Seoul 1973.

hsien (kor. Chosŏn) des himmlischen Gründers Tangun – als traditionelles Gründungsdatum wird das Jahr 2333 v. Chr. angegeben – wird koreanischerseits mit dieser paläoasiatischen Kultur identifiziert. – Es ist jedenfalls zu betonen, daß eine deutlich zusammenhängende prähistorische Kultur in Japan und Korea bislang nicht nachweisbar ist, ebensowenig wie eine ethnische Übereinstimmung ihrer Träger. Andererseits ist anzunehmen, daß die japanischen Jômon-Menschen des Neolithikums allenfalls zum Teil auf paläolithische Inselbewohner zurückzuführen sind, zu wesentlichen Teilen jedoch im Neolithikum über die Inselbrücken in den japanischen Archipel einwanderten. Daß dabei eine paläoasiatische Population auch über die koreanische Halbinsel nach Japan gelangte, ist durchaus denkbar.

Auch die nächste archäologische Epoche Ostasiens läßt noch keine eindeutige Beantwortung der thematischen Frage zu. Diese Epoche ist gekennzeichnet einerseits durch das Eindringen der Bronze- und Eisenkultur in den koreanischen, später japanischen Raum, andererseits durch den Übergang zu einer Ackerbaukultur mit Aufkommen der Naßfeldwirtschaft, d. h. des Reisanbaus in den südlichen Territorien Koreas und Japans. Seit Ende des 2. Jahrtausends v. Chr. findet sich ein neuer Keramiktyp auf der koreanischen Halbinsel, der als Glattkeramik zu kennzeichnen ist. Er kam mit einem nächsten Migrationsschub einer nunmehr tungiden Bevölkerung nach Korea, wobei „tungid" in dem ursprünglichen Sinne des zugrunde liegenden chinesischen Wortes „tung-hu" zu verstehen ist: „Barbaren im Osten Chinas". Die Befunde lassen erkennen, daß die Südwanderungen der Tunghu aus dem mandschurischen Raum auf die koreanische Halbinsel gelenkt wurden, weil eine chinesische Ackerbaukultur bereits vom nordchinesischen Territorium Besitz ergriffen hatte. Seit dem ersten vorchristlichen Jahrtausend drang auch die Bronzekultur nach Korea vor[36]. Sie wird mit der Bronzekultur von Minussinsk (oberer Jenissej) in Verbindung gebracht, ohne daß sich über die Herkunft ihrer Träger sichere Aussagen machen ließen. Es ist beachtenswert, daß diese frühkoreanischen Bronzen sich von den chinesischen jener Epoche deutlich unterscheiden[37]. Die Eisenkultur gelangte im 4. oder 3. Jh. v. Chr. mit einer verstärkten Einwanderung tungider Stämme nach Korea. Diese Stämme formierten sich unter dem mählich wachsenden Druck der Hunnen (Hsiung-nu) zu Stammesverbänden und stießen aus der Mandschurei in den noch dünn besiedelten koreanischen Raum vor. Die Träger dieser Eisenkultur, welche die bereits erwähnte glattwandige Kera-

[36] Zur Frage der Periodisierung der Bronzezeit in Korea vgl. M. V. Vorob'ev: Drevn'aja Koreja. Moskau 1961, S. 64ff.

[37] Die koreanischen Bronzen hatten auch einen anderen Zinkgehalt als die chinesischen. Vgl. Ch. Kim, a. a. O., S. 106f.

mik produzierten und den Ackerbau kannten, treten in den altchinesischen Geschichtswerken bereits namentlich als Abkömmlinge der mandschurischen Fu-yü unter Namen wie Wu-chü, Wei und Mo in Erscheinung. Solche Stammesverbände waren wahrscheinlich auch an der ersten Staatsgründung auf koreanischem Boden beteiligt. Nach dem mythischen Chosŏn des Tangun und dem sagenhaften Reiche des Chinesen Chi-tzu (kor. Kija), angeblichem Onkel des letzten Shang-Kaisers (traditionelles Gründungsdatum 1122 v. Chr.), entstand als erstes frühgeschichtliches koreanisches Staatsgebilde das Reich des chinesischen Flüchtlings Wei-man (kor. Wiman), das im 2. vorchristlichen Jahrhundert in Korea Bestand hatte, ehe es von dem chinesischen Han-Kaiser Wu-ti unterworfen wurde und die Halbinsel um 100 v. Chr. chinesische Kolonie wurde. Zu den Stämmen der Randzone, die sich dieser Kolonisierung entzogen, gehörten auch die im Süden der Halbinsel siedelnden Han[38], die frühzeitig eine Ackerbaukultur entwickelten, aus dem Norden die Herstellung und den Gebrauch des Eisens übernahmen und sich, nach den archäologischen und historiographischen Quellen zu urteilen, von den koreanischen Stämmen des Nordens unterschieden. Ob diese Han-Stämme mit dem sagenhaften Reiche Chao-hsien zusammenhingen, vielleicht sogar das nach Süden abgedrängte Staatsvolk waren, ist eine koreanischerseits diskutierte aber ungelöste Frage. Andererseits zeigen sich jedoch Affinitäten dieser Han-Bevölkerung mit den auf den japanischen Inseln nach den Jômon-Menschen siedelnden Protojapanern.

Hier in Japan wurde die neolithische Kultur der Schnurkeramik, das sog. Jômon-Zeitalter, um das Jahr 300 (± 50) vor Chr. abrupt durch die Bronze- und Eisenkultur der sog. Yayoi-Epoche[39] abgelöst, die bis etwa 300 n. Chr. angesetzt wird. Hauptmerkmal dieser Kultur ist eine neue Wirtschaftsform: Ackerbau als Naßfeldwirtschaft. Dazu treten Eisengeräte und ein neuer, auf der Töpferscheibe gefertigter Typ einer rötlichen, dünnwandigen und sparsam mit Schnur- und Kamm-Mustern dekorierten Keramik auf. Bronzefunde sind erst in der späteren Yayoi-Zeit nachweisbar und, von Pfeilspitzen abgesehen, offenbar vorwiegend für den ritualen Gebrauch bestimmt gewesen: Man denke an die bekannten Bronzeglocken (dôtaku) jener Epoche. Diese neue Kultur hatte ihren japanischen Ausgangspunkt wahrscheinlich in Nord-Kyûshû, von wo sie sich in einem relativ raschen Expansionsprozeß nach Zentraljapan (Kinki-Gebiet) ausdehnte und hier einen neuen Mittelpunkt bildete, ehe sie allmählich den gesamten Archipel mit Ausnahme von

[38] Der Name dieser alten Stämme Südkoreas steht in keinem Zusammenhang mit dem Namen der chinesischen Han-Dynastie.

[39] So benannt nach dem Yayoi-Viertel im Stadtteil Hongô von Tôkyô, wo 1884 der erste Fund dieser Kultur gemacht wurde.

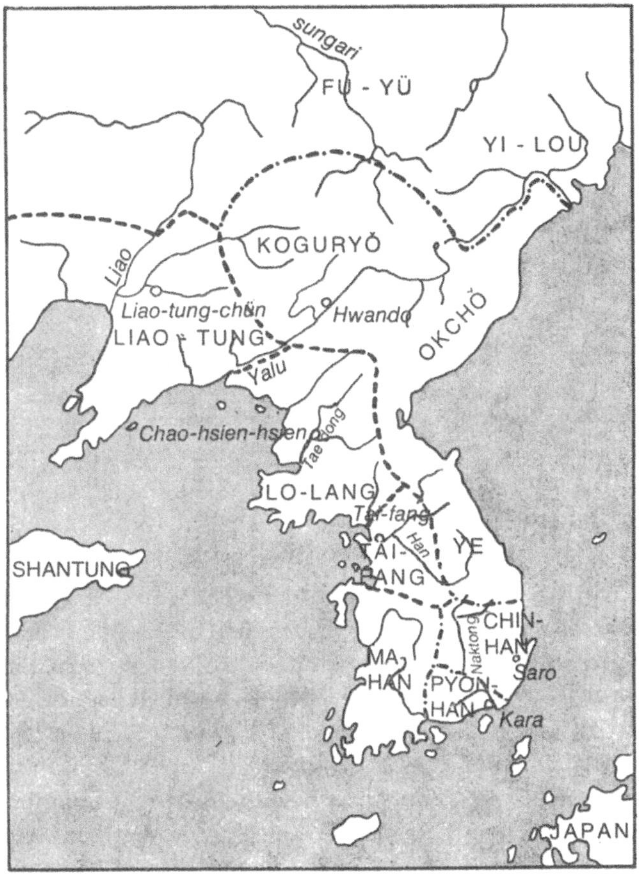

Korea im 3. Jh. n. Chr. (nach B. Lewin: Geschichte Koreas)

Hokkaidô ergriff[40]. Während dieses Prozesses wurde die ältere Jômon-Kultur entweder aufgesogen oder an die Peripherie, vor allem nach Nordost-Japan (Tôhoku-Gebiet), abgedrängt. Dieser Entwicklungsgang, der durch zahlreiche Funde in ganz Japan nachgezeichnet werden kann, wie auch das plötzliche Auftreten einer Technologie des Reisanbaus und der Reisverarbeitung geben zu erkennen, daß diese Yayoi-Kultur nicht in Japan entstanden ist, sondern zumindest in ihrem Anfangsstadium durch Einwanderer einer höheren Kulturstufe ins Land gebracht wurde. Als Herkunftsgebiet des japanischen Reisanbaus wird der mittel- bis südchinesische Raum angenommen, von wo die Reiskultivation wahrscheinlich nicht auf dem Landwege über Nordkorea, sondern auf dem Seewege über das Chinesische Meer

[40] Vgl. Gesamtdarstellung bei Kidder, a. a. O. (dtsch. „Alt-Japan", Köln 1959). – H. Befu: Yayoi-Culture. In: Center for Jap. Studies. Occasional Papers No. 9. Ann Arbor 1965.

direkt nach Südkorea gelangte. Träger waren vermutlich Flüchtlinge aus Chinas küstennahen Territorien der Yüeh und Wu, einer im Kern nichtchinesischen, austroasiatischen Bevölkerung, die während des Niedergangs der Chou-Dynastie, vor allem in der Epoche der Kämpfenden Reiche (chan-kuo, ca. 450–220 v. Chr.), das unruhige Kontinentalreich verließen. Die Bronze- und Eisenkultur war bereits von Norden in die koreanische Halbinsel eingesickert. Bei den südkoreanischen Han-Stämmen waren die Voraussetzungen für eine rasche Entwicklung der Reiskultivation durch das Vorhandensein von Ackerbau und Eisengeräten gegeben. Hier dürfte denn auch ein wesentliches Sprungbrett für das Vordringen der Reiskultivation nach Japan gewesen sein, wenn man dazu noch den direkten Seeweg aus Ostchina über das Chinesische Meer nach Nord-Kyûshû annehmen will[41]. Keine sicheren Anhaltspunkte gibt es für einen Vermittlungsweg über Taiwan und die Ryûkyû-Inseln, obgleich der stetige Meeresstrom Kuroshio entlang dieser Inselkette nach Japan auch eine Übertragung der Reiskultur auf diesem Wege denkbar erscheinen läßt.

Eine ganze Reihe von archäologischen, anthropologischen und historiographischen Kriterien spricht für die Affinität der südkoreanischen und westjapanischen Bevölkerung in den Jahrhunderten um die Zeitenwende. Die japanische Yayoi-Keramik, die als dünnwandig, rötlich und sparsam dekoriert bezeichnet wurde, zeigt große Ähnlichkeit mit den bereits erwähnten spätneolithischen glattwandigen Tongefäßen Koreas. Außerdem ähneln sich die Eisengeräte aus dieser Epoche auf beiden Seiten der Tsushima-Straße nach Formen und Funktionen in starkem Maße[42]. Hinzu kommen die Skelettfunde, die eine größere Ähnlichkeit des Yayoi-Menschen von Nord-Kyûshû mit dem Han-Menschen Südkoreas als mit dem japanischen Jômon-Menschen der älteren Kultur-Epoche Japans aufweisen[43]. Schließlich

[41] Erinnert sei hier an die in der altchinesischen Chronik Shih-chi (Kap. 118) berichtete Sage von der Expedition eines gewissen Hsü Fu, der mit 3000 Leuten auf Befehl des Kaisers Ch'in Shih Huang-ti 219 v. Chr. von Shantung aus gen Osten über das Meer gefahren und eine fruchtbare Insel erreicht haben soll, auf der die Gruppe geblieben sei.

[42] „A very close connection in prehistoric times between Korea and Japan" stellte bereits 1929 Sansom aufgrund des archäologischen Forschungsstandes in einem Vortrag vor der Asiatic Society of Japan fest. Vgl. G. B. Sansom: An Outline of Recent Japanese Archaeological Research in Korea, in Its Bearing Upon Early Japanese History. In: Transact. of the Asiatic Soc. of Jap., Sec. Ser., Vol. VI (1929), S. 16.

[43] Vgl. T. Kanazeki: Yayoi-jidai-jin (Der Mensch der Yayoi-Epoche). In: Nihon no kôkogaku III. Yayoi-jidai. Tôkyô 1966, S. 460ff. – Der Umstand, daß die Körpergrößen des Yayoi-Menschen und des geschichtlichen Südkoreaners sich gleichen und höher liegen als die des Jômon-Menschen und des etwa gleich großen geschichtlichen Japaners, hat Kanazeki zu der plausiblen Annahme geführt, daß aus Südkorea eingewanderte Träger der Yayoi-Kultur in der älteren Jômon-Population Japans aufgegangen sind.

sei hier das durchaus verläßliche Material der altchinesischen Geschichtswerke Shih-chi, Han-shu, Hou-Han-shu und Wei-chih herangezogen, das in zeitgenössischen Berichten vom 2. vorchr. bis 3. nachchr. Jh. über die sog. Ostbarbaren wertvollste Informationen enthält[44]. Aus ihnen ist abzulesen, daß sich die südkoreanischen Han und die westjapanischen Wo – wie die Inselbewohner anfangs von den Chinesen genannt wurden – in Wirtschaftsform, sozialer Organisation, Lebensweise und Brauchtum in vielem glichen. Nach den genannten Quellen lebten diese Völker in stammesähnlichen Gemeinwesen, deren Zahl für das Han-Gebiet auf 78, für das Wo-Gebiet auf über 100 beziffert wird. Ziemlich gleichartig verläuft dann auch der Zusammenschluß dieser Stämme zu Verbänden, in Südkorea etwa seit dem 1. Jh. nach Chr. (Mahan, Chinhan, Pyŏnhan)[45], in Japan etwa seit dem 2. Jh. nach Chr., wobei der stärkste Stammesverband in Japan sich im 3. Jh. zu dem ersten insularen Staatsgebilde Yamatai (chin. Yeh-ma-t'ai) unter einer Priesterkönigin formierte. Dies ist auch die Zeit einer ersten südkoreanischen Staatsgründung Paekche aus dem Stammesverband der Mahan.

Man geht wohl nicht fehl mit der Annahme, daß die Yayoi-Kultur Japans eine aus mehreren Komponenten bestehende Kultur ist, bei deren Vermittlung die im Süden Koreas lebenden Stämme eine bedeutende Rolle spielten. Eher dort als in Kyûshû mischten sich die Elemente der aus dem Norden stammenden Metallkultur mit denen der aus dem Süden stammenden Reisbaukultur. Ohne den südlichen, austroasiatischen Strang der Yayoi-Kultur hier weiter verfolgen zu wollen, sei doch bemerkt, daß in der japanischen Mythologie (Mythos der Sonnengöttin und des Sturmgottes als Geschwisterpaar), in der matriarchalischen und der Altersstufenordnung von Yayoi-Stämmen – so im Yamatai-Reich – und schließlich auch in der altjapanischen Sprache austroasiatische Elemente unverkennbar sind[46].

[44] Vgl. R. Tsunoda u. L. C. Goodrich: Japan in the Chinese Dynastic Histories. Later Han through Ming Dynasties. South Pasadena 1951 (Perkins Asiatic Monographs No. 2). – M. N. Pak: Opisanije korejskich plemen načala našej ery (po San-kuo-chih). In: Problemy vostokovedenija 1961, 1, S. 115ff.

[45] So die koreanische Lesung der chinesischen Namen Ma-han, Ch'en-han, Pien-han.

[46] Eine starke Betonung der Südkomponente der jap. Kultur zeigt sich beispielsweise bei dem japanischen Ethnologen Oka Masao. Vgl. M. Oka: Nihon-minzoku-bunka no keisei (Das Werden der Kultur des japanischen Volkes). In: Zusetsu Nihon-bunkashi-taikei I. Tôkyô 1956 (dtsch. v. J. Kreiner in: Beiträge zur Japanologie III, 1. Wien 1966).

III.

Wenden wir uns gleich hier dem linguistischen Aspekt zu, denn für diese historische Entwicklungsstufe lassen sich die ersten Angaben zu den Sprachen Japans und Koreas machen, und die Frage der Sprachverwandtschaft ist hier von besonderem Interesse. Das älteste sprachliche Zeugnis von den japanischen Inseln findet sich in dem bereits erwähnten „Traktat über die Wo-Leute" (Wo-jen-chuan) der Dynastiegeschichte der Wei (221–265)[47], verfaßt gegen Ende des 3. Jhs. Dies Traktat enthält über 30 Orts-, Personen- und Amtsnamen aus dem japanischen Inselgebiet. Sie sind nach der gängigen chinesischen Methode der lautlichen Beschreibung von Fremdwörtern dergestalt fixiert, daß die logographischen chinesischen Zeichen prinzipiell ohne Berücksichtigung ihrer Semantik lautwertig zur Wiedergabe eines Lautkomplexes verwendet werden, der monosyllabischen Struktur der chinesischen Semanteme entsprechend in der Ausdehnung einer Wortsilbe. Die so im Wei-chih mit den phonetischen Hilfsmitteln des Mittelchinesischen aufgezeichneten Namen lassen sich mit altjapanischen Wörtern, wie sie seit Beginn der literarischen Tradition Japans im frühen 8. Jh. überliefert sind, strukturell gleichsetzen und zum Teil auch identifizieren; z. B. mittelchin. tâ-muo : altjap. tomo (Bezeichnung einer Korporation), mittelchin. mjię-mjię : altjap. mimi („Ohr", Aufmerksamkeit, Amtsträger), mittelchin. pjię-kǝu : altjap. piko (ehrende Bezeichnung für Männer), mittelchin. pjię-nuo-mǝu-ljię : altjap. pina-möri („Grenzlandbewacher", Amtsträger auf Tsushima)[48]. Aus diesem Material kann man mit einiger Sicherheit folgern, daß die Träger der Yayoi-Kultur – denn ihren Lebensbereich in den ersten Jahrhunderten unserer Zeitrechnung hat das Traktat des Wei-chih zum Gegenstand – sich bereits einer Sprache bedienten, die der uns bekannten japanischen Sprache glich: m. a. W. sind die Yayoi-Menschen auch aus linguistischer Sicht als Proto-Japaner anzusehen. Allerdings sind die sprachlichen Belege so spärlich, daß die Folgerungen nicht frei von Spekulation sind.

Dies gilt auch für den japanisch-koreanischen Sprachvergleich, der sich auf nur wenige brauchbare Quellen des Altertums stützen kann. Die damaligen Zeugnisse über die in Korea und der Mandschurei gesprochenen Sprachen – ziemlich vage Aussagen derselben chinesischen Geschichtswerke – geben kaum verwertbare Daten. In dem oben zitierten Wei-chih heißt es lediglich, daß sich die Sprachen der Fu-yü, Wu-chü, Kao-ku-li und Wei

[47] Vgl. Tsunoda u. Goodrich, a. a. O., S. 8f.

[48] Vgl. die Identifizierung von acht dieser Wörter bei R. A. Miller: The Japanese Language. Chicago 1967, S. 19ff.

ähneln und daß sie von den Idiomen anderer Stammesverbände wie der Yi-lou abzugrenzen sind[49]. Abgegrenzt werden in diesen Berichten auch die Sprachen der südkoreanischen Han-Stämme, ohne daß ein Hinweis auf die Art der Unterschiede gegeben wird. Die Informationen reichen allein hin, drei Sprachgruppen im mandschurisch-koreanischen Raum der ersten nachchristlichen Jahrhunderte anzunehmen: eine nordöstliche, die mit der später belegten tungusischen Sprache der Dschurdschen zusammenhängen dürfte, eine nordwestliche, dem späteren Nordkoreanischen zuzuordnen und schließlich eine südliche Gruppe, Vorläuferin des Südkoreanischen[50]. Von diesen Sprachgruppen ist in den zeitgenössischen chinesischen Quellen kaum mehr als der Name überliefert. Doch findet sich glücklicherweise in dem Geographie-Kapitel der ältesten koreanischen Chronik Samguk-sagi (1145) eine größere Zahl altkoreanischer Ortsnamen in chinesischer Transkription nach dem oben skizzierten Verfahren mit chinesischen Ortsbezeichnungen, die sich zumeist als Übersetzungen der ursprünglichen koreanischen Namen erweisen. Es handelt sich um Ortsnamen aus dem alten nordkoreanischen Kou-ku-li (kor. Koguryŏ), das bereits im Wei-chih als Stammesverband genannt wird, von den Fu–yü in der Mandschurei abstammen soll, im Jahre 313 durch die Annexion der in Nordwest-Korea gelegenen chinesischen Kolonie Lo-lang ins Licht der Geschichte trat und als mächtiger nordkoreanischer Staat bis in die Mitte des 7. Jhs. Bestand hatte[51]. Die aus diesem Ortsnamenmaterial der Koguryŏ-Sprache analysierbaren Numeralia sind bereits in den 20er Jahren von dem japanischen Sprachwissenschaftler Shimmura untersucht worden[52], doch erst in den 60er Jahren wurde die Relevanz des gesamten Wortmaterials dieser Quelle für den ostasiatischen Sprachvergleich erkannt. Durch die Forschungen des Koreaners Lee und des Japaners Murayama konnten ca. 80 Wörter der Koguryŏ-Sprache rekonstruiert werden, von denen 34 mit dem Altjapanischen, 31 mit dem Mittelkoreanischen, 17 mit dem Tungusischen und 13 mit dem Mongolischen und Türkischen vergleichbar sind[53]. Frappierend ist vor allem die Übereinstimmung der vier

[49] Vgl. M. N. Pak, a. a. O., S. 117ff.

[50] Vgl. Lee, Ki-Moon: Kugŏsa-kaesŏl (Abriß der koreanischen Sprachgeschichte). Seoul 1961, 3. verb. Aufl. 1974.

[51] Die informativsten Monographien über das Volk der Koguryŏ erschienen in der Sowjetunion und in Nordkorea. R.T. Džaryglasinova: Drevnije Kogurjostsy. Moskau 1972. – Sahoe-kwahakwŏn kogohak-yŏnguso (Hrsg.): Koguryŏ-munhwa (Die Kultur von Koguryŏ). P'yŏngyang 1975.

[52] Vgl. I. Shimmura: Kokugo oyobi Chôsengo no sûshi ni tsuite (Über die japanischen und koreanischen Numeralia). In: Tôhô-gengoshi-sôkô. Tôkyô 1927.

[53] Vgl. B. Lewin: Japanese and the Language of Koguryŏ. In: Papers of the C. I. C. Far Eastern Language Institute Vol. IV. Ann Arbor 1973.

überlieferten Zahlwörter der Koguryŏ-Sprache mit dem Japanischen (*mil : mi(tu), *uč : i(tu), *nanïn : nana(tu), *tök : töwö), dies um so mehr, als die japanische Zahlenreihe isoliert im Orbis linguarum steht. Man darf aufgrund des Vergleichsmaterials annehmen, daß das Japanische mit der Koguryŏ-Sprache verwandt ist und damit enge Beziehungen zur Gruppe der Puyŏ-Sprachen hat, d. h. zu der vorgenannten nordostkoreanischen Sprachengruppe, die sich aus der Sprache der Fu-yü (kor. Puyŏ) entwickelt hat.

Damit ist ein gewisser Fortschritt gegenüber dem bisherigen Stand des japanisch-koreanischen Sprachvergleiches gewonnen, denn noch immer konnte hier kein überzeugender Verwandtschaftsnachweis erbracht werden[54]. Dies ist um so eigentümlicher, als beide Sprachen eine Fülle struktureller Übereinstimmungen aufweisen. Im lautlichen Bereich lassen sich bei beiden Reste einer Vokalharmonie, der gleiche Akzenttyp (Tonhöhenakzent) und das Fehlen eines liquiden Wortanlautes im Grundwortschatz feststellen. Zahlreicher sind die grammatischen Übereinstimmungen: Genus, Numerus und Artikel fehlen, Postpositionen stehen anstelle von Präpositionen und Kasusflexion, die verbale Formenbildung geschieht größtenteils durch Suffixe, die Adjektive stehen den Verben morphologisch und syntaktisch sehr nahe und haben keine Komparation, Nominalableitungen der Verben haben teilweise übereinstimmende Formen (jap. -i, -mi, -ku; kor. -i, -m, -ki), die Demonstrativa ordnen sich zu einem Dreistufensystem (jap. ko, so, a, kor. i, kŭ, chŏ), und die Personalpronomen der 1. und 2. Pers. sind eng vergleichbar (jap. na, ono, ware; kor. na, nŏ, uri). Auch syntaktisch ist die Ähnlichkeit groß: Im Satz steht das Bestimmende vor dem Bestimmten, und das Prädikat nimmt den Satzschluß ein, voranstehende Attributivsätze werden anstelle nachstehender Relativsätze verwendet, Fragesätze werden durch ein Interrogativsuffix bezeichnet, die Satzverbindung geschah ursprünglich nur durch konjunktionale Verbalformen anstelle von Konjunktionen, und schließlich verfügen beide Sprachen zeit ihrer überblickbaren Geschichte über Aussageformen des interpersonalen Bezuges („Honorifika"). Obgleich die strukturelle Konvergenz, die übrigens zu erheblichen Teilen auch für die altaischen Sprachen gilt, bis ins gegenwärtige Entwicklungsstadium beider Sprachen deutlich ausgeprägt ist und beispielsweise Interlinearübersetzungen nach wie vor in augenfälliger Weise möglich sind, reichen all diese Merkmale für den Nachweis einer genetischen Verwandtschaft nicht aus. Der gegenwärtige

[54] Vgl. B. Lewin: Japanese and Korean. The Problems and History of a Linguistic Comparison. In: The Journal of Japanese Studies, II, 2 (1976).

Nestor der japanischen Koreanistik, Kôno Rokurô, hat das 1971 wie folgt formuliert[55]: „Die Herkunft des Koreanischen ist ebenso unklar wie die des Japanischen und Chinesischen. Wenn der Ursprung des Japanischen erörtert wird, kommt man mit Sicherheit auf dessen verwandtschaftliche Beziehungen zum Koreanischen zu sprechen, doch stets endet es mit einem Rückzieher wegen der Unvollkommenheit der Beweise. Das liegt daran, daß eine Regelhaftigkeit von Lautentsprechungen im Grundwortschatz, die zum Festhalten an Verwandtschaftsbeziehungen ausreichen würde, nicht gefunden wird. Allerdings sind die Ähnlichkeiten auf der formalen Seite im Satzbau und in der Wortstruktur zu stark, als daß man eine gleiche Abstammung verwerfen könnte. Doch trotz der strukturellen Einheit liegen die Dinge gegenwärtig so, daß wegen des Mangels an Substanz, um diese strukturelle Einheit zu untermauern, nicht gesagt werden kann, ob beide Sprachen verwandt sind oder nicht." – Die „Regelhaftigkeit von Lautentsprechungen", Meillets „régularité des correspondances phonétiques" sind das Rückgrat für den Nachweis von Sprachverwandtschaft, doch hier liegt es in unserem Falle materialiter und im Procedere im argen. Materialiter insofern, als von den aufgestellten Wortgleichungen allenfalls 200 akzeptabel erscheinen, wobei nicht ausgemacht ist, bei wievielen man Entlehnung anzunehmen hat; prozedural insofern, als die Sprachvergleicher hier zumeist von der Prämisse ausgehen, daß das Japanische und das Koreanische direkt auf eine gemeinsame Ursprache zurückzuführen seien und daß sie bestenfalls das Altjapanische des 8. Jhs. und das Mittelkoreanische des 15. Jhs. als literarisch gut belegte älteste Stufen beider Sprachen heranziehen. Tatsächlich ist das Altkoreanische nur durch wenige Texte „Koreanischer Lieder" (hyang'ga) aus dem südostkoreanischen Altstaat Silla in noch dazu mangelhafter chinesischer Transkription neben den oben erwähnten Koguryŏ-Fragmenten überliefert. Dies südkoreanische Idiom von Silla bildet den Kern der heutigen koreanischen Sprache. Im Laufe der koreanischen Sprachgeschichte sind dann nördliche Elemente aus dem ursprünglichen Territorium von Koguryŏ eingeflossen. Dennoch: Bei den wahrscheinlichen genetischen Zusammenhängen des Koreanischen und Japanischen sind einige missing links anzunehmen, dazu noch anderweitige Sprachsubstrate, vor allem des Japanischen aus dem austroasiatischen Raum, was zusammengenommen die Hypothese einer unmittelbaren und einsträngigen Verwandtschaft beider Sprachen unhaltbar macht. Eine Affinität des Koreanischen wie auch des Japanischen mit den altaischen Sprachen, insbesondere mit dessen östlichem Zweig der Tungusisch-mandschurischen Sprachengruppe, ist nach den bisherigen Untersuchungen als wahr-

[55] R. Kôno: Chôsengo (Die koreanische Sprache). In: Gengo no keitô to rekishi. Hrsg. v. Sh. Hattori. Tôkyô 1971, S. 312.

scheinlich anzunehmen[56]. Doch ist dies Terrain noch nicht ausreichend sondiert, und eine der letzten einschlägigen Monographien mit dem provokativen Titel „Japanese and the Other Altaic Languages" (1971) von dem amerikanischen Japanologen Roy A. Miller hat neben Zustimmung auch Kritik hervorgerufen[57]. – Abschließend zu diesem linguistischen Aspekt unseres Themas läßt sich konstatieren, daß das Koreanische nicht etwa ein Zweig des Japanischen ist, wie Kanazawa in dem eingangs erwähnten Urteil vor nunmehr zwei Menschenaltern behauptete, sondern daß beide allenfalls als „Verwandte zweiten Grades" sich auf eine ostaltaische Ursprache, die wir provisorisch Puyŏ-Han-Spracheinheit nennen können, zurückführen lassen, wobei insbesondere beim Japanischen austroasiatische Elemente für eine divergierende Entwicklung in Lautform und Wortschatz mit verantwortlich gemacht werden können.

[56] Der Stammbaum des Neujapanischen und des Neukoreanischen dürfte etwa folgenden Aufbau zeigen (vgl. B. Lewin: Japanese and Korean, a. a. O., S. 408):

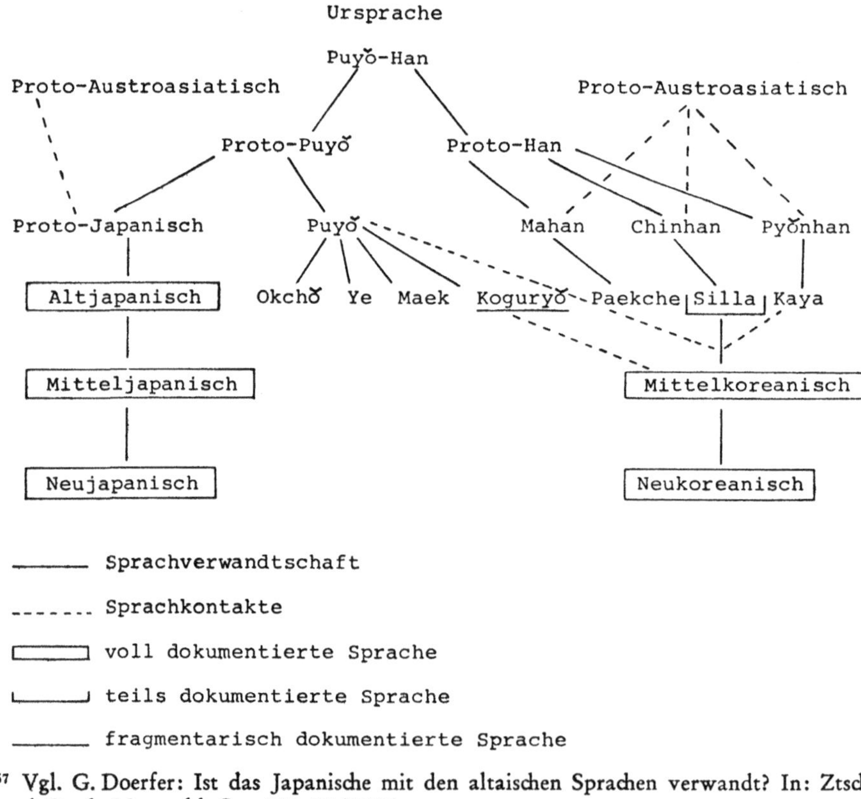

[57] Vgl. G. Doerfer: Ist das Japanische mit den altaischen Sprachen verwandt? In: Ztschr. d. Dtsch. Morgenld. Ges. 124, 12 (1974).

IV.

Wir sind bisher der Frage nach einem primären Zusammenhang des japanischen und koreanischen Volkes nachgegangen. Anthropologische, archäologische und linguistische Kriterien halfen, die vorgeschichtlichen Sachverhalte aufzuhellen. Zieht man hier eine Zwischenbilanz, so ist festzuhalten, daß seit dem Paläolithikum von der koreanischen Kontinentalbrücke her Menschen auf die japanischen Inseln eingewandert sind, daß die Migrationsbewegung stets in dieser Nordsüdrichtung verlief, sich dann über Kyûshû und Honshû ausbreitete und neben der anderen Migrationsbewegung vom Kontinent über Sachalin und Hokkaidô nach Honshû eine wesentliche ethnische Komponente der neolithischen Jômon-Kultur gebildet haben dürfte. Das plötzliche Eindringen der Reisbau- und Metallkultur nach Japan um die Wende vom 4. zum 3. Jh. v. Chr. ist nur durch einen neuen Einwanderungsschub zu erklären. Die Menschen, die diese Kultur nach Japan brachten und hier eine neue Epoche, die Yayoi-Zeit, einleiteten, kamen vermutlich größtenteils aus dem Südteil der koreanischen Halbinsel. Das tungide Element war bei ihnen vorherrschend, denn die ursprünglichen Sitze der Masse der südkoreanischen Population jener Jahrhunderte ist im mandschurisch-sibirischen Kontinentalraum zu suchen. Ein geringerer Teil hat seinen Ursprung vermutlich im austroasiatischen Siedlungsraum Südchinas und hat seinen Weg über das Chinesische Meer nach Südkorea, zum Teil vielleicht auch direkt nach der Insel Kyûshû gefunden. Diese Yayoi-Menschen, in den ältesten chinesischen Berichten als Wo bezeichnet, überschichteten in Vermischung und Verdrängung die Jômon-Menschen. Ihre Sprache ist mit dem geschichtlichen Japanischen identifizierbar und verwandt mit den damals auf der koreanischen Halbinsel gesprochenen Sprachen, die mit großer Wahrscheinlichkeit dem Ostaltaischen zuzurechnen sind; sie enthielt aber auch austroasiatische Elemente, die sich auf die Entwicklung des Japanischen stärker auswirkten als etwa auf die südkoreanischen Idiome, bei denen ebenfalls austroasiatische Einflüsse anzunehmen sind. Die Wo, d. h. die Träger der Yayoi-Kultur, können wir als Proto-Japaner bezeichnen. Ihr Auftreten ist nach allem, was sich feststellen läßt, nicht ohne wesentliche Einwirkungen von der koreanischen Halbinsel her erklärbar.

Der Anteil Koreas an der Entwicklung des japanischen Volkes und seiner Kultur gewinnt in den auf das Yayoi-Zeitalter folgenden Jahrhunderten, d. h. vom 4. Jh. an, entscheidende Bedeutung. Neben den archäologischen Zeugnissen sind es nun vor allem die historiographischen Quellen, die diesen Sachverhalt belegen. Hier treten zu den verläßlichen chinesischen Dynastiegeschichten (Wei-chih, Sung-shu, Sui-shu, T'ang-shu) die ältesten koreanischen Geschichtswerke (Samguk-sagi 1145, Samguk-yusa 13. Jh.) sowie japanische Chroniken, Genealogien, Topographien, Urkunden und Gesetzeswerke aus dem 8. bis 10. Jh. (Kojiki 712, Nihon-shoki 720, Shoku-Nihongi 797, Shinsen-shôjiroku 815, Ryô-no-gige 833 u. a.)[58]. Die Gesamtheit dieses Quellenmaterials ermöglicht, eine sekundäre Schicht koreanisch-japanischer Zusammenhänge zu erschließen, die als politische und kulturelle Kontakte von größter Tragweite waren.

Schon während der Yayoi-Zeit bestanden nach Ausweis der chinesischen Dynastiegeschichten und der archäologischen Funde wirtschaftliche Beziehungen der Wo-Japaner zu Korea. Sie konzentrierten sich auf die chinesische Kolonie Lo-lang mit dem Zentrum im Gebiet der heutigen nordkoreanischen Hauptstadt P'yŏngyang. Die Güter der überlegenen chinesischen Kultur waren offenbar das Lockmittel für Expeditionen der Wo-Japaner über die Inselbrücke Iki und Tsushima entlang der Süd- und Westküste Koreas bis zur Mündung des Taedong. Diese Fahrten nach Lo-lang begannen bereits im 1. Jh. n. Chr.[59]. Sie finden ihre Bestätigung vor allem in den Bronzefunden der Yayoi-Kultur (Münzen, Schwerter, Spiegel), die anfangs aus chinesischen Manufakturen stammten. Nach der Vernichtung der Kolonie Lo-lang durch die Koguryŏ im Jahre 313 n. Chr. änderte sich jedoch die Situation auf der koreanischen Halbinsel grundlegend. Im Norden herrschte nun der militante und expansive Staat Koguryŏ, im Südwesten hatte sich aus Verbänden der Mahan-Stämme der Staat Paekche formiert; der Staat Silla folgte im Südosten, und die Südküste wurde von einer Gruppe von Han-Stämmen besetzt, die als Kaya-Föderation in der altkoreanischen Geschichte und unter dem Namen Mimana in der altjapanischen Geschichte bekannt ist. Es ist ein eigentümliches Phänomen, daß just in dieser Zeit auch der altjapanische Staat, das sog. Yamato-Reich, erste Konturen gewinnt. Es ist selbiger Staat, der nach der japanischen Mythologie von einem Enkel der Sonnengottheit 660 v. Chr. gegründet worden sein soll. Dieser mythische Reichsgründer soll dann auf einem Feldzug gen Osten Zentraljapan erobert und im Nara-Becken Residenz genommen haben. Er gilt unter dem Namen Jimmu-tennô als Stammvater des Tennô-Klans, der japanischen Kaiser-Dynastie. Wegstationen zur Konsolidierung des Yamato-Reiches werden markiert durch Namen wie Sujin-tennô, der als zehnter Herrscher den

[58] Vgl. Quellenanhang bei B. Lewin: Aya und Hata. Bevölkerungsgruppen Altjapans kontinentaler Herkunft. Wiesbaden 1962, S. 194ff.

[59] Im Hou-Han-shu werden „Gesandtschaften" der „Wo-Leute" aus den Jahren 57 und 107 n. Chr. erwähnt, im Wei-chih aus den Jahren 238, 243 und 247. Vgl. A. Wedemeyer: Japanische Frühgeschichte. Tôkyô 1930, S. 171ff.

Izumo-Klan unterworfen haben soll[60], wie Yamato-takeru, dem als Kriegsheros die Unterwerfung der fremdvölkischen Kumaso im äußersten Süden und der Emishi (Ainu?) im Norden des Archipels zugeschrieben wird; schließlich durch Namen wie Jingô-kôgô und Ôjin-tennô, Mutter und Sohn, letzterer als 15. Herrscher von seiner Mutter angeblich auf der Rückkehr von einem Feldzug gegen Silla geboren und berühmt als derjenige Tennô, welcher bewußt die überlegene Festlandkultur nach Japan verpflanzte. Die hier angesprochenen Mythen und Sagen um die japanische Reichsgründung und -entwicklung, offenbar eine Konstruktion des Tennô-Klans zur Sicherung seines Herrschaftsanspruches, lassen sich nicht eindeutig mit chinesischen und koreanischen Berichten identifizieren und bilden den Stoff unzähliger gelehrter Abhandlungen. Hauptprobleme bilden dabei die Gründungsepoche des Yamato-Reiches, die Herkunft der Staatsgründer, die Identität mit dem in den chinesischen Dynastiegeschichten genannten Wo-Reich Yeh-ma-t'ai sowie die Lokalisierung der japanischen Urstaaten. Wir wollen uns hier mit den beiden ersten Fragen beschäftigen, da sie in engem Zusammenhang mit dem Thema stehen.

Ein Blick auf die archäologischen Funde aus dem mutmaßlichen Gründungszeitalter des Yamato-Reiches gibt wichtige Fingerzeige für die Beantwortung dieser Fragen. Seit der Mitte des 3. Jhs. tauchen neben den in der Yayoi-Kultur üblichen Erdgräbern, Steinkistengräbern oder auch Tonkrugsärgen als eine neue Bestattungsform Hügelgräber auf. Aus bescheidenen Anfängen entwickelten sie sich im Laufe der Generationen zu gewaltigen Ausmaßen im 5. Jh. Sie haben rechteckige, häufig auch schlüssellochförmige Gestalt, und einige sind über 200 m lang. Das größte japanische Hügelgrab, in dem der Kaiser Nintoku (5. Jh.) bestattet worden sein soll, mißt sogar 475 m in der Längsachse. Insgesamt sind etwa 2160 Hügelgräber in Japan gefunden worden. Sie sind typisch für die frühgeschichtliche Kultur Japans vom 3. bis zum 7. Jh. Diese Epoche trägt daher auch den archäologischen Namen „Altgräber-Zeit" (jap. kofun-jidai). Um diese Altgräber wurden Tonfiguren aufgestellt, sog. Haniwa, die ebenso wie die zahlreichen Grabbeigaben tiefe Einblicke in die damaligen Lebensformen der Adligen erlauben, denn Gräber des Adels waren es durchweg. Gegenstände aus Bronze und Eisen wie Schmuck, Spiegel, Schwerter, auch landwirtschaftliche Geräte, dazu Terrakotten waren anfangs die häufigsten Grabbeigaben. Seit dem 5. Jh. treten aber Waffen, Rüstungen und Pferdegeräte in den Vorder-

[60] Sujins im Kojiki überlieferter Beiname Hatsu-kuni-shirasu-sumeramikoto („Souverän, der anfangs das Reich regierte") hat neben anderen Umständen zu der Annahme geführt, daß er als eigentlicher Staatsgründer anzusehen sei. Vgl. D. L. Philippi: Kojiki. Tôkyô 1968, S. 208.

grund. Besonders auffallend ist der Umstand, daß das Pferd, in der Yayoi-Zeit als Haustier bereits in Japan verwendet, nun plötzlich als Reittier in Erscheinung tritt, wie die zahlreichen Geräte und Tonfiguren bekunden[61]. Die Zentren der Hügelgräberkultur lagen in Kyûshû und im Kinki-Gebiet (Zentraljapan). Alte Hügelgräber finden sich in Nord-Kyûshû, und die Nachbarschaft ähnlicher Hügelgräber in Korea kann nicht übersehen werden. Die in den Hügelgräbern bezeugte Wehrhaftigkeit des Adels erinnert an die nordkoreanische Reiterkultur der Koguryŏ, die in archäologischen und historiographischen Zeugnissen belegt ist. Dies eigentümliche Nebeneinander führte nach früheren Ansätzen im Jahre 1948, als die japanische Frühgeschichtsforschung von den Fesseln der Tennô-Doktrin befreit war, zu der sog. „Reitervolk-Theorie" (jap. kiba-minzoku-setsu), die von dem Archäologen Egami zusammen mit dem Ethnologen Oka, dem Prähistoriker Yawata und dem Kulturanthropologen Ishida entwickelt wurde[62]. Nach dieser Theorie sind die ersten Staatsgründungen im koreanisch-japanischen Raum von im Kern tungusischen Reitervölkern vorgenommen worden, die aus der Mandschurei südwärts vorstießen und über eine bäuerliche Bevölkerung hereinbrachen. Wie die Normannen nach England, so sollen sie aus Südkorea nach Kyûshû eingefallen sein und in Japan die Tennô-Dynastie und das Yamato-Reich errichtet haben. Ihre letzte Bastion auf dem Festland sei das südkoreanische Mimana gewesen, das sie schließlich aufgeben mußten, so daß der insulare japanische Staat die Verbindung zum Kontinent verlor. – Die mythischen und sagenhaften Darstellungen in den japanischen Chroniken werden von den Verfechtern dieser Theorie so interpretiert, daß Sujin-tennô, traditionell der 10. Kaiser der Dynastie, der eigentliche Reichsgründer gewesen sein soll[63]. Die japanische Geschichtswissenschaft hat sich dieser Theorie gegenüber vorwiegend kritisch reserviert verhalten, obgleich sie einige plausible Erklärungen ermöglicht[64]. Motive der japanischen Mythologie ließen sich mit ihr deuten – z. B. die himmlische Herabkunft des

[61] Das Pferd kam bereits im Neolithikum der Jômon-Epoche nach Japan. Vgl. Zur Geschichte des Pferdes in Japan. Bericht über Sh. Hayashita: Nihon-sekki-jidai uma no bunrui (1955). In: Beiträge zur Japanologie. Bd. 1, Nr. 1, Wien 1955, S. 37f. – E. Naumann: Das Pferd in Sage und Brauchtum Japans. In: Folklore Studies. Vol. XVIII, Tôkyô 1959, S. 148.

[62] Die Theorie wurde formuliert auf einem Tôkyôter Symposium: Das japanische Volk. Die Herkunft seiner Kultur und die Entstehung des japanischen Staates (Nihon-minzoku: bunka no genryû to Nihon-kokka no keisei). In: Minzokugaku-kenyû 13,3 (1949).

[63] Vgl. oben, Anm. 60. Hier wird auch auf seinen Beinamen Mimaki-iri-hiko verwiesen, der im Sinne von „aus Mimana hereingekommener Fürst" oder „jetzt (neuerdings) hereingekommener Fürst" interpretiert werden kann.

[64] Die Reitervolk-Theorie ist von ihren Verfechtern in zahlreichen Veröffentlichungen vorgetragen worden. Leicht zugänglich sind ihre englischsprachigen Beiträge in dem

ersten Tennô nach Kyûshû und sein Eroberungszug gen Osten. Auch sei angemerkt, daß die südkoreanischen Mahan-Stämme von den aus der Mandschurei stammenden Fu-yü (Puyŏ) zu dem Staatswesen Paekche geeint wurden und unter dieser fremdvölkischen Königsdynastie lebten. Vom sprachlichen Gesichtspunkt, den die Begründer der Theorie übrigens nicht berücksichtigt haben, fügte sich ebenfalls manches zusammen: Da ist zum einen die Ähnlichkeit zwischen dem Altjapanischen und der Koguryŏ-Sprache, zum anderen die Auseinanderentwicklung des Japanischen und Ryûkyûanischen, die nach den glottochronologischen Berechnungen des japanischen Linguisten Hattori um 500 n. Chr. erfolgt sein soll[65], wobei sich die Abdrift des Ryûkyûanischen als Ergebnis der Flucht eines Teiles der Kyûshû-Bevölkerung vor den kontinentalen Eroberern erklären ließe. Bedenklich bleibt jedoch, daß es weder von chinesischer noch von koreanischer oder japanischer Seite einen historiographischen Bericht oder Hinweis gibt, der einen solchen Eroberungszug belegen könnte. Im Gegenteil weiß ein steinerner Zeuge aus jener Zeit von militärischen Operationen der Japaner in Korea zu berichten: Es handelt sich um einen 414 zu Ehren des Koguryŏ-Königs Hot'ae-wang am Yalu errichteten Gedenkstein, dessen Inschrift über Aggressionen der Wo in den südkoreanischen Staaten Paekche und Silla sowie deren Kämpfe mit Koguryŏ in den Jahren um 400 Auskunft gibt[66]. Allerdings ließen sich diese Aktivitäten auch mit der Reitervolk-Theorie in Einklang bringen. Dennoch distanziert sich die japanische Geschichtswissenschaft weiterhin von dieser Theorie. Einer ihrer führenden Vertreter, der Tokyoter Althistoriker Inoue, hat seine Gegenargumente in dem erstmals 1960 erschienenen Buch „Der Ursprung des japanischen Staates" zusammengetragen[67]. Er wie auch der Archäologe Kobayashi[68] sind

Sammelband „Japanese Culture, Its Development and Characteristics", hrsg. v. R. J. Smith and R. K. Beardsley (London 1963) aufgrund von Vorträgen auf dem Tenth Pacific Science Congress (Honolulu 1961). Auch in seinem Buch „Nihon-bunka-ron" (Tôkyô 1968) stützt sich E. Ishida weitgehend auf die Reitervolk-Theorie. Vgl. engl. Ausg. „Japanese Culture. A Study of Origins and Characteristics". Tôkyô 1974, S. 69ff.

65 Vgl. Sh. Hattori: Nihongo no keitô (Die Herkunft des Japanischen). In: Zusetsu Nihon-bunkashi-taikei. Bd. 1, Tôkyô 1956, S. 119. Seinen Berechnungen legte Hattori die Dialekte von Kyôto und Shuri (Okinawa) zugrunde.

66 Vgl. B. Szczesniak: The Kôtaiô-Monument. In: Monumenta Nipponica VII,2 (1951). Ders.: Japanese-Korean Wars in A. D. 391–407 and their Chronology. In: Journal of the Royal Asiatic Soc. 1946,1 (London). Der Gedenkstein wurde 1884 von den Japanern wiederentdeckt. Über die Entdeckungsgeschichte und die anschließenden Forschungen berichtet u. a. Ri Jinhi: Kôtaiô-hi no nazo (Das Rätsel des Gedenksteines des Königs Hot'aewang). Tôkyô 1973.

67 M. Inoue: Nihon-kokka no kigen. Tôkyô ^{1}1960, ^{16}1973 (Iwanami-shinsho 380).

68 Y. Kobayashi: Kofun jidai no kenkyû (Studien über die Hügelgräberzeit). Tôkyô 1961.

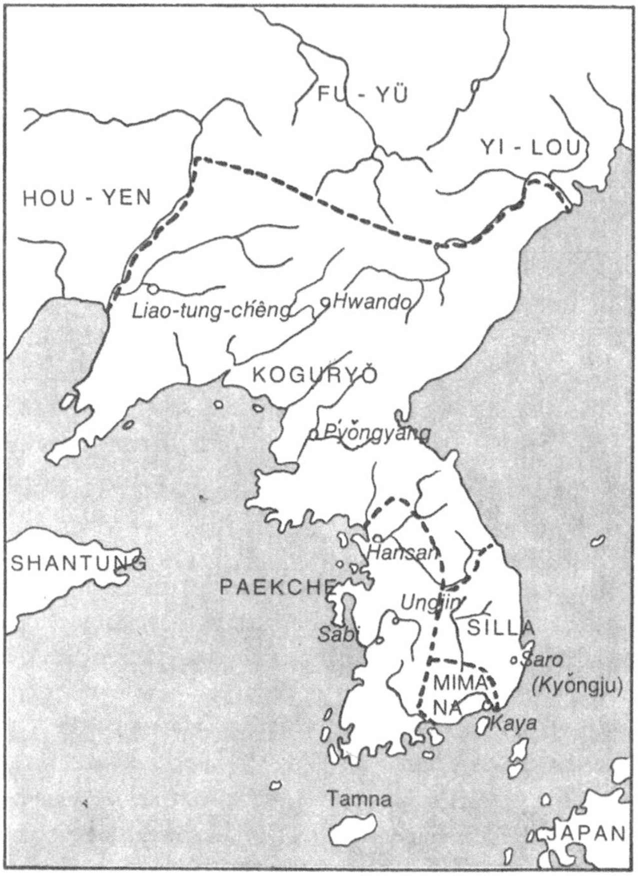

Die drei koreanischen Reiche um 400 n. Chr. (nach B. Lewin: Geschichte Koreas)

eher geneigt, die staatsbildende Kraft unter japanischen Stammesführern jener Zeit zu suchen und das ominöse Anwachsen von Kriegsgerät durch Import und nicht durch Invasion zu erklären. Tatsächlich könnte die Anlage von Hügelgräbern das Entstehen politischer Machtkonzentration aufgrund einer prosperierenden Reiswirtschaft demonstrieren, und das Anwachsen der Waffen, die damals vornehmlich in der „Eisenschmiede" Silla hergestellt wurden, könnte durch inselinterne Kämpfe um die Vormachtstellung ausgelöst worden sein. Inoue betrachtet denn auch Ôjin-tennô, der um die Wende zum 5. Jh. regierte, als ersten Herrscher eines japanischen Einheitsstaates, des Yamato-Reiches[69].

[69] Vgl. Inoue, a. a. O., S. 198ff.

V.

In der Regierungszeit des Ôjin-tennô erreichen die japanisch-koreanischen Beziehungen eine neue Dimension, denn es beginnt das Zeitalter einer intensiven frühgeschichtlichen Kulturübernahme aus Korea in den jungen japanischen Staat. Ôjin-tennô, in Nord-Kyûshû geboren, hatte seine Residenz im Nara-Becken, und sein riesiges Hügelgrab, 420 m lang und 241 m breit, befindet sich im Süden von Ôsaka. Seine Historizität ist u. a. durch Erwähnung in der chinesischen Dynastiegeschichte Sung-shu verbürgt, wo er unter den Jahren 421 und 425 erwähnt wird[70]. Seiner Mutter Jingô-kôgô, die nach dem Kojiki mütterlicherseits von der mythischen Prinzengestalt Ame-no-hiboko aus Silla abstammen soll, werden nach japanischen Quellen Feldzüge nach Südkorea zugeschrieben, die sich mit denjenigen japanischen Unternehmungen identifizieren lassen, von denen der besagte Gedenkstein am Yalu zu berichten weiß. Die Operationen der Japaner auf der koreanischen Halbinsel seit dem ausgehenden 4. Jh. sind wohl keinem Eroberungsdrang zuzuschreiben, wie es etwa in einer älteren Darstellung von Kuno gesehen wird[71]. Sie sind eher als Maßnahmen zur Sicherung einer Einflußsphäre in einem ökonomisch und kulturell eminent wichtigen Nachbargebiet zu betrachten, ausgelöst durch den Niedergang der chinesischen Kolonie auf koreanischem Boden und durch die Machtgewinnung der drei altkoreanischen Staaten, die an deren Stelle traten und in Rivalität um das chinesische Erbe gerieten. Das japanische Eingreifen konnte erst zu einem Zeitpunkt geschehen, als sich ein hegemoniales Staatsgebilde in dem Inselland gefestigt hatte. Um diese Zeit erst, also in der zweiten Hälfte des 4. Jhs., ist mit der Anlage des Stützpunktes Mimana, des japanischen Brückenkopfes in Südkorea, zu rechnen. Ob Mimana eine japanische Militärkolonie war, wie den japanischen Quellen zu entnehmen ist, blieb bis heute umstritten; die damalige Anwesenheit von Japanern in Mimana ist jedoch kaum in Zweifel zu ziehen[72]. Der Bestand des japanischen Stützpunktes über mehr als 150 Jahre

[70] Vgl. Tsunoda u. Goodrich, a. a. O., S. 22. Hier wird er irrtümlich mit Nintoku-tennô identifiziert, obgleich die Namensangabe Ts'an mit Homuta („loben"), dem persönlichen Namen des Herrschers, semantisch übereinstimmt.

[71] Vgl. S. Y. Kuno: Japanese Expansion on the Asiatic Continent. Vol. I. Berkeley 1937, ²1967.

[72] Der Bestand einer „Japanischen Statthalterschaft" (Yamato no mikotomochi) in Südkorea ist nur in der japanischen Quelle Nihon-shoki (720) mit zahlreichen Einzelmeldungen belegt. Der japanische Althistoriker Y. Suematsu hat aufgrund dieser Daten und indirekter historiographischer Angaben chinesischer und koreanischer Provenienz die Geschichte Mimanas geschrieben (Mimana-kôbô-shi „Geschichte vom Aufstieg und Fall Mimanas". Tôkyô 1949). Seit den 60er Jahren befassen sich auch koreanische

wurde begünstigt durch eine Allianz mit dem südwestkoreanischen Staat Paekche, der als schwächerer Nachbar des mächtigeren Koguryŏ im Norden bis zu seiner Vernichtung im 7. Jh. mit geringen Unterbrechungen japanischer Verbündeter blieb. Die unter Ôjin-tennô beginnende Phase intensivierter Kontakte mit der koreanischen Halbinsel stimmt zeitlich mit dem Bestand des Brückenkopfes Mimana überein, der laut Nihon-shoki im Jahre 562 an den inzwischen erstarkten südostkoreanischen Nachbarstaat Silla verlorenging[73].

Man darf annehmen, daß Mimana das Sammelbecken der aus Korea kommenden Einwanderer nach Japan war. Die japanischen Annalen melden erstmals unter Ôjin-tennô eine massierte Einwanderung aus Korea, und zwar aus dem verbündeten Paekche. Durch japanische Gesandtschaften erbetene Fachleute für das Weber-, Schneider- und Schmiedehandwerk, für Seidenraupenzucht und Seidenweberei wie auch für Sakebrauerei sollen damals herübergekommen sein. Ebenso kamen auch Schreibkundige, welche die chinesische Schriftkultur nach Japan verpflanzten. Desgleichen berichten die japanischen Annalen von der Ansiedlung koreanischer Gefangener, die den Japanern bei militärischen Operationen auf der Halbinsel in die Hände gefallen waren. Schließlich sind in der Zeit Ôjin-tennôs zwei größere Gruppen von Flüchtlingen zumeist wohl chinesischer Abstammung aus den ehemaligen chinesischen Besitzungen Lo-lang und dem weiter südlich gelegenen Tai-fang in Westkorea nach Japan emigriert, bekannt als Aya und Hata[74]. Die als Kulturträger ins Land gezogenen Ankömmlinge, die damals „Handwerker, die jetzt gekommen sind" (imaki no tebito) genannt wurden, brachten auch

Historiker intensiver mit diesem Problem. Sie betrachten Mimana eher als koreanischen Teilstaat (punguk) auf japanischem Boden, als Inselterritorium in der Tsushima-Straße oder gar als Militärkolonie Paekches (vgl. Cheon, Kuan-wu: Recent Studies of Ancient Korean History. Seoul 1975. Papers of the Second Convention of the International Association of the Organizations for Korean Studies). Japanische militärische Operationen in Südkorea sind allerdings auch in den koreanischen Quellen für den betr. Zeitraum verzeichnet. Vgl. Kuno, a. a. O., S. 214ff. („Korean Records of Dates and Events of Japanese Invasions of Shinra, Mostly Unmentioned in Japanese History"). Den gesamten Fragenkomplex hat G. Ledyard neu interpretiert (Galloping Along With the Horseriders: Looking for the Founders of Japan. In: The Journal of Jap. Studies, I, 2/1975) und die Hypothese einer Thalassokratie der Wo (Altjapaner) im Raum Südkorea-Nordkyûshû aufgestellt. Dies insulare Machtgebiet sei von den Puyŏ, die auch den Staat Paekche gründeten (s. o.) in Besitz genommen worden. Daraus ergäbe sich eine Identifizierung des „Reitervolkes" mit den Puyŏ, eine durch die Koguryŏ-Fragmente auch sprachlich abstützbare Annahme (s. o., S. 21–22).

73 Nach dem Nihon-shoki, Kimmei-ki. Im Samguk-sagi wird aus diesem Jahr ein Feldzug Sillas gegen Kaya (= Mimana?) gemeldet. Vgl. Kim Busik: Samguk Sagi. Moskau 1959, S. 133f. (russ. Übers. v. M. N. Pak).

74 Vgl. B. Lewin: Aya und Hata. Bevölkerungsgruppen Altjapans kontinentaler Herkunft. Wiesbaden 1962.

ihre Organisationsformen mit. So ist das altjapanische Gildensystem (bumin-sei) wahrscheinlich auf Vorbilder in Paekche zurückzuführen[75]. Die von der japanischen Seite geförderte Einwanderungsbewegung setzte sich während der gesamten Dauer der drei altkoreanischen Reiche Koguryŏ, Paekche und Silla fort, und sie steht in Abhängigkeit von den politischen Ereignissen auf der Halbinsel und der Bündnispolitik des Yamato-Reiches. In den Zeiten innerkoreanischer Kämpfe verstärkte sich die Einwanderungsbewegung. Die japanischen Inseln wurden dann das Refugium all derer, die ihre Existenzgrundlage oder ihre politische Macht verloren hatten. So war neben dem handwerklichen auch der bäuerliche Anteil der Immigranten groß, in der letzten Phase dieser Kämpfe vor allem aber der Anteil des Adels. Dies war auch ein Resultat des Unterganges der Staaten Paekche und Koguryŏ: denn das expansive Silla hatte sich mit dem jungen chinesischen T'ang-Reich verbündet, das sich zuerst gegen Koguryŏ, dann gegen Paekche wandte. Das Eingreifen Japans auf Seiten Paekches konnte die Vernichtung dieses Staates im Jahre 663 nicht mehr verhindern. Schon 668 folgte die Vernichtung Koguryŏs, und Silla wurde nun der erste geschichtliche Einheitsstaat der koreanischen Halbinsel. In diesen 60er Jahren des 7. Jhs. erreichte die koreanische Einwanderung in Japan ihren Höhepunkt. In erster Linie waren es Flüchtlinge aus Paekche; aus Koguryŏ kamen wegen des mühsameren Fluchtweges nur kleinere Gruppen in späterer Zeit[76]. Noch bis ins 8. Jh., als bereits diplomatische und Handelsbeziehungen zu dem vorher verfeindeten Silla bestanden, setzte sich die Fluchtbewegung fort. Unter den koreanischen Immigranten jener Epoche befanden sich viele gebildete Amtsträger, die in der lokalen und zentralen Verwaltung des Yamato-Reiches tätig wurden. Ihre bäuerlichen Landsleute wurden zumeist in den mittleren, vorzugsweise aber in den östlichen Gebieten angesiedelt, um als Kolonisten in einer breiten Grenzzone gegen die Emishi zu wirken[77]. Handwerker, Künstler und Gelehrte wurden möglichst in der Nähe der Residenzen der Tennô seßhaft gemacht.

Die Einwanderer aus Korea in dem etwa drei Jahrhunderte dauernden Zeitraum von 400 bis 700 n. Chr. bilden die größte Gruppe der sog. Kikajin,

[75] Handwerker und Künstler waren in den altkoreanischen Reichen für die Königshöfe tätig und bildeten eine höfische Manufaktur. Sie waren zumeist Unfreie, die berufsweise gruppiert, verpflegt und untergebracht ihre Fertigkeiten für den Hof ausübten. Vgl. H. Choi: The Economic History of Korea – From the Earliest Times to 1945. Seoul 1971, S. 65f.

[76] Die meisten Flüchtlinge aus Koguryô gingen nach Norden in das mandschurische Siedlungsgebiet der Mo-ho, wo Anfang des 8. Jhs. mit maßgeblicher Beteiligung dieser Flüchtlinge der Staat P'o-hai (kor. Parhae) entstand.

[77] Vgl. B. Lewin: Die japanischen Beziehungen zu den Emishi um das Jahr 800. In: Oriens, Vol. 18–19 (1967), S. 304ff.

der kontinentalen Einwanderer in Altjapan wie überhaupt in der Geschichte des Landes. Sicherlich war ein Teil von ihnen chinesischer Herkunft, Nachkommen der Lolang-Chinesen oder solche, die unmittelbar in die altkoreanischen Nachfolgestaaten der chinesischen Kolonie eingewandert waren. Dieser chinesische Anteil der Immigranten war jedenfalls größer als die Zahl der direkt aus China Eingewanderten, bei denen es sich um meist durch Gesandtschaften angeworbene Fachleute handelte[78]. Durch die intensive Einwanderungsbewegung aus Korea erhielt die kontinentale Komponente der japanischen Bevölkerung, die bereits für die vorangegangene Epoche beim Yayoi-Menschen konstatiert werden konnte, nun in der Hügelgräberzeit eine weitere Verstärkung. Korea zeichnet sich jetzt noch deutlicher als Eingangspforte ab. Da die japanische Historiographie für die Zeit ab etwa 600 verläßliche Daten liefert, kennen wir manche Details aus dem Schicksal der koreanischen Ankömmlinge. Es waren willkommene Einwanderer, die der einheimischen Bevölkerung gleichgestellt wurden, sogar steuerliche Vergünstigungen erhielten und, soweit sie dem Adel angehörten, in die Führungsschicht aufgenommen wurden. Der Assimilierungsprozeß wurde durch Mischehen und durch Vergabe japanischer Namen gefördert. Die Japanisierung der fremden Bevölkerungsteile scheint in wenigen Generationen erreicht worden zu sein. Eine letzte Dokumentierung der koreanischen Herkunft zumindest von Adelsgeschlechtern findet sich in einem Standesregister von 1182 in Zentraljapan (Gokinai) ansässiger Adelsfamilien, dem Shinsen-shôjiroku aus dem Jahre 815[79]. In ihm werden auch „Alle Fremdstämmigen" (shoban) aufgeführt, und es zeigt sich, daß etwa ein Drittel der namhaften Geschlechter kontinentaler Herkunft war. Der fremdstämmige Anteil scheint beim japanischen Adel, und hier wiederum beim hauptstädtischen Adel, besonders hoch gewesen zu sein. Aus der altjapanischen Siedlungspolitik ist zu entnehmen, daß auch bei der übrigen Bevölkerung, zumal in Zentraljapan und in den Ostgebieten, kontinentale Einwanderungsgruppen in jenen Jahrhunderten hinzukamen. Die historische Ortsnamenforschung gibt hier zusätzliche Aufschlüsse. Beispielsweise lassen sich Spuren eines alten Ortsnamens Imaki in der ehemaligen Provinz Yamato (Nara-ken) eruieren, welche auf die frühe Ansiedlung von Einwanderern in Zentraljapan hinweisen[80]. Aus der Nara-Zeit wird auch die Schaffung neuer Distrikte eigens für die Ansiedlung koreanischer Einwanderer in Ostjapan gemeldet. Einer

[78] Vgl. B. Lewin, Aya und Hata, a. a. O., S. 184.

[79] Vgl. B. Lewin, Aya und Hata, a. a. O., S. 191ff.

[80] imaki „jetzt (neu) angekommen", vgl. oben: imaki no tebito. Imaki war der alte Name des jetzigen Takechi-Distriktes in der Präfektur Nara. Vgl. T. Yoshida: Dai-Nihon-chimei-jisho (Großes japanisches Ortsnamenslexikon). Tôkyô [2]1907, S. 244.

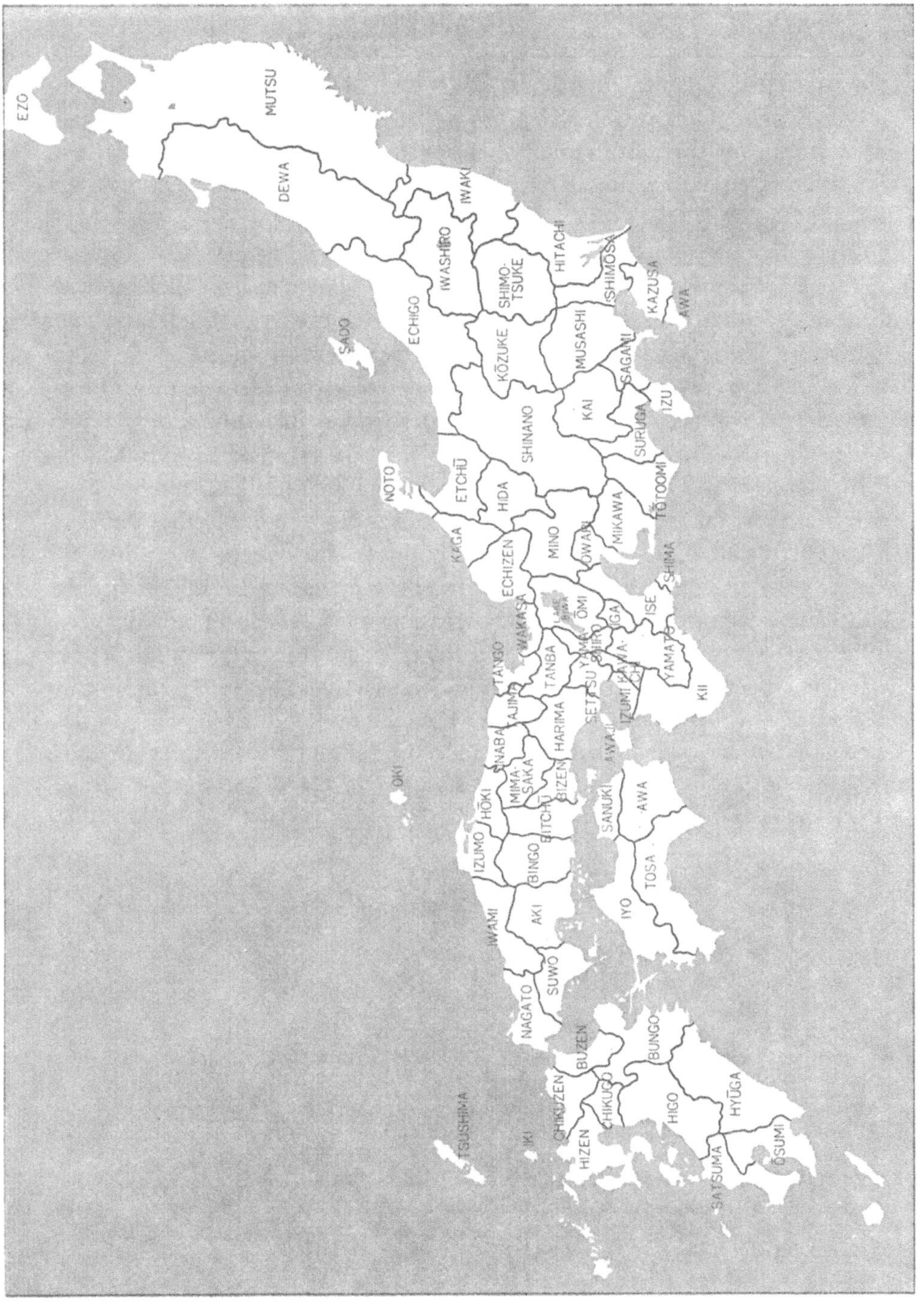

Japan: alte Provinzgliederung (nach: Japan. Its Land, People and Culture)

dieser Distrikte trägt den Namen Koma (altjap. = Koguryŏ), ein anderer den Namen Shiragi (altjap. = Silla)[81]. „Koma" und „Shiragi" sind ebenso wie „Kudara" (altjap. = Paekche) als Ortsnamen in Zentral- und Ostjapan anzutreffen. Die bäuerlichen Flüchtlinge aus Paekche wurden hauptsächlich in der Provinz Ômi, die aus Koguryŏ in der Provinz Musashi angesiedelt[82]. Es fällt schwer, den Blutsanteil dieser Einwanderungsschicht der Kikajin im japanischen Volke zu schätzen. Der japanische Historiker Seki beziffert ihn auf 10–20%[83].

Noch weniger gesichert sind die sprachlichen Spuren, die diese Einwanderer im Japanischen hinterlassen haben. Da die materielle und geistige Kultur Altjapans wesentlich von ihnen mitbestimmt worden ist, muß man zahlreiche Wortentlehnungen erwarten. Dabei ist nicht an die stetig wachsende Schicht chinesischen Wortgutes im Japanischen – wie im Koreanischen – zu denken, welche etwa der Funktion des Latein im europäischen Raum entspricht, sondern an Entlehnungen aus den altkoreanischen Sprachen ins Altjapanische. Der japanische Sprachhistoriker Ohno hat einige Lehnwörter für die Sachgebiete „Landwirtschaft", „Kleidung" und „Geräte" zusammengestellt und die betreffenden Entlehnungen aus dem Koreanischen für die Yayoi-Zeit angesetzt[84]. Die chronologische Fixierung ist jedoch willkürlich; eher ließen sich solche Entlehnungen auf die folgende Epoche datieren. Wie weit es sich überhaupt um Lehnwörter oder wurzelverwandte Wörter handelt, ist hier wie bei den meisten anderen vergleichbaren Kulturwörtern im Altjapanischen nicht ausgemacht. Ein eklatanter Hinweis auf die bestehende Unsicherheit ist der Umstand, daß Ohno in derselben Arbeit diese Wörter auch in eine Liste von Lautgleichungen zum Nachweis der genetischen Verwandtschaft beider Sprachen einbringt[85].

[81] Vgl. Shoku-Nihongi 7 (Reiki 2/V/16), SN 21 (Tempyô-hôji 2/VIII/24).

[82] Spuren der alten Ansiedler aus Korea in den Ostprovinzen des altjapanischen Reiches ist der in Japan lebende koreanische Kulturwissenschaftler Kim Talsu nachgegangen: Nihon no naka no Chôsen-bunka (Koreanische Kultur inmitten Japans). Tôkyô 1970.

[83] Vgl. A. Seki: Kikajin. Tôkyô 1956, S. 4. – Einen Zensus gab es in Altjapan nicht. Seit dem 8. Jh. wurden zwar Haushaltsregister und Steuerlisten geführt, doch die Gesamtbevölkerung konnte damit nicht erfaßt werden. Schätzungen wie die Sekis sind daher für den altjapanischen Zeitraum sehr spekulativ.

[84] Vgl. S. Ohno: Nihongo no kigen. Tôkyô 1957. Engl. Übers.: The Origin of the Japanese Language. Tôkyô 1970, S. 80–81.

[85] A. a. O., S. 121ff.

VI.

Betrachten wir im letzten Teil dieser Ausführungen den kulturellen Gewinn, der sich aus der Zuwanderung vom Kontinent in den drei Jahrhunderten seit Ôjin-tennô für Japan ergab. In der ersten Phase, die bis zum Eindringen des Buddhismus im 6. Jh. dauerte, wurden handwerkliche Künste und die Staatsverwaltung durch die Neuankömmlinge aufgebaut. Nach dem Muster der gildenmäßigen Ordnung im alten Paekche bildeten die Einwanderer in Japan die Gilden der Tuchweber (hatoribe), Brokatweber (nishigoribe), Sattler (kuratsukuribe), Keramiker (suetsukuribe) und Schmiede (kanuchibe), der Schreiber (fumibe), Schatzverwalter (kurabe) und Strafverfolger (osakabe). In ihren Künsten und Fertigkeiten wirkte noch weitgehend die chinesische Kultur der Han-Epoche fort, wie sie sich in der koreanischen Kolonie Lo-lang etabliert hatte. So war beispielsweise die Schriftkunst der Fumibe das Han-Chinesisch, das bis ins 6. Jh. von diesen koreanischen Schriftgelehrten als Chronisten und Sekretären am japanischen Hofe gepflegt wurde. Ein Zeugnis ihrer Kunst ist in der chinesischen Dynastiegeschichte Sung-shu überliefert: ein Thronschreiben des Yûryaku-tennô an den chinesischen Kaiser Shun-ti der Liu-Sung-Dynastie[86].

Die zweite Phase des Kulturimportes aus Korea beginnt mit dem Eindringen des Buddhismus um die Mitte des 6. Jhs. – in Korea hatte er bereits im 4. Jh. Fuß gefaßt[87] – und erstreckt sich über ein Jahrhundert bis zu den Taika-Reformen. In dieser Periode wird die Einwanderung durch Priester und Gelehrte bestimmt, die als Verkünder der buddhistischen Lehre, als Tempelarchitekten, Gartenbauer, Maler und Bildhauer, als Musiker, Astrologen und Geomanten, als konfuzianische Exegeten, als Mediziner und Pharmazeuten an den Hof kamen. Auch unter ihnen war ein nicht unbedeutender Teil chinesischer Herkunft, der nun vorwiegend direkt aus China angeworben wurde, nachdem seit der Sui-Dynastie und mit der jungen T'ang-Dynastie, also seit Ende des 6. Jhs., rege diplomatische Kontakte mit China bestanden[88], übrigens auch die ersten japanischen „Studenten" nach China und Korea geschickt wurden. Sichtbarster Ausdruck der festlandgeprägten Kultur jenes Jahrhunderts ist die sog. Asuka-Kultur, deren Denkmäler aus dem damaligen Residenzgebiet Asuka im südlichen Nara-Becken in Überresten auf die Gegenwart überkommen sind. Grundlage dieser Kultur war der

[86] Übersetzt bei Tsunoda u. Goodrich, a. a. O., S. 23f.

[87] Traditionell gelten folgende Daten: für die Einführung des Buddhismus in Korea und Japan: Koguryŏ 372, Paekche 384, Silla 528, Japan 538.

[88] Vgl. Y. Suematsu: Japans Relations with the Asian Continent and the Korean Peninsula (Before 950 A. D.). Tôkyô 1963.

Buddhismus, der sich in den Denkmälern sakraler Architektur, Malerei und Plastik ausspricht. Die buddhistische Kunst und Architektur jener Epoche hatte ihren Weg hauptsächlich aus Paekche nach Japan gefunden, wenn auch in der sakralen Kunst Sillas sich Vorbilder finden lassen[89]. Ihre ursprünglichen Vorbilder liegen im China der Nordsüdstaaten-Periode (420–589). In Japan setzten sich Religion, Kunst und Architektur des Buddhismus unter der Kaiserin Suiko-tennô (592–628) durch, dank der Initiativen ihres Regenten Shôtoku-taishi, der sich auf das mächtige reformorientierte Soga-Geschlecht stützen konnte. Dies ist auch der Zeitpunkt, da der fortschrittliche Teil des japanischen Adels sich die importierten Kulturgüter zu eigen machte. Buddhistische Religion und Kunst sowie chinesisches Schrifttum und Staatsdenken, wie es sich in der 17-Artikel-Verfassung des Shôtoku-taishi ausspricht[90], kennzeichnen die Asuka-Kultur, die erste geschichtlich dokumentierte Epoche Japans, als eine kontinental geprägte Kultur, deren Entstehen ohne die koreanische Vermittlung undenkbar wäre. Die endgültige Ausrichtung des Staatswesens auf diese kontinentale Kultur chinesischer Tradition geschah zu Ende der Asuka-Zeit in den berühmten Reformen der Taika-Ära (645/646), durch die der japanische Beamtenstaat geschaffen wurde. Als symptomatisch darf gelten, daß die Reformedikte von einem Gelehrten aus dem alten Aya-Geschlecht der Korea-Einwanderer namens Takamuko no Ayahito Kuromaro und einem Mönch aus einer chinesischen Einwandererfamilie namens Min konzipiert worden sind[91].

Auf die Ausformung der Nara-Kultur des 8. Jhs. hat schließlich die letzte große Einwanderungsbewegung aus Altkorea nach dem Untergang von Paekche und Koguryŏ Einfluß ausgeübt. Die Namen vieler adliger Flüchtlingsfamilien aus jenen Ländern sind in den japanischen Annalen Nihonshoki und Shoku-Nihongi verzeichnet. Die Geschichte dieser Geschlechter ist noch nicht geschrieben. Sie figurieren als Beamte der Zentral- und Regionalverwaltung, als Höflinge und Wissenschaftler, sie wurden von Tenji-tennô (668–671) und seinen Nachfolgern gefördert, und ihre Heranziehung bei den großen Unternehmen der Organisation einer Hochschule, der Gesetz-

[89] Z. B. zeigt die Bauweise des 592 errichteten Tempels Shitennôji (Ôsaka) mit derjenigen des Hwangnyongsa in der alten Hauptstadt Sillas große Ähnlichkeit. Vgl. H. Inoue: Sankoku-bunka no eikyô (Der Einfluß der Kultur der drei altkoreanischen Staaten) In: Nihon to Chôsen no nisennen I. Hrsg. v. H. Inoue u. M. Ueda. Tôkyô 1969, S. 97.

[90] Vgl. H. Iwai: The 17-Article Constitution of Crown Prince Shôtoku. In: Memoirs of the Research Dept. of the Toyo Bunko. No. 20. Tôkyô 1961.

[91] Unter den zur Vorbereitung der Reformen nach Sui-China entsandten Japanern befanden sich größtenteils Männer aus den alten Einwanderungsgeschlechtern der Aya. Vgl. Shigakkai (Hrsg.): Shintei Shiryô-Nihon-shi (Materialien zur Geschichte Japans) Bd. 1. Tôkyô 1961, S. 30f.

gebung und der Geschichtsschreibung ist durch Hinweise in den Annalen verbürgt. Viele Angaben über Altkorea in dem ersten japanischen Annalenwerk Nihon-shoki (720) entstammen zeitgenössischen Chroniken aus Paekche, welche die Flüchtlinge offenbar mitgebracht haben und die im Nihon-shoki zitiert werden[92].

In dem 300jährigen Zeitraum der Einführung einer überlegenen kontinentalen Kultur in Japan seit Ôjin-tennô lassen sich die Spuren der Übernahme aus Korea aus vielen Zeugnissen ablesen. Es zeigt sich ein Kausalzusammenhang zwischen der Einwanderungsbewegung und dem Kultur- und Machtgewinn des altjapanischen Staates. Während anfangs die fremden Lehrmeister sich noch selbst der Ausübung ihrer Künste annehmen mußten, beginnt spätestens im 7. Jh. der altjapanische Adel die Festlandkultur zu adaptieren und zu praktizieren. Dadurch wuchs die Kluft zwischen Adel und Volk, das noch größtenteils auf der Stufe der Yayoi-Zeit verharrte. Der altjapanische Adel jedoch schuf sich mit Hilfe der Kikajin in Mitteljapan ein Kulturzentrum, das nun vergleichbaren Zentren auf dem Kontinent, so auch der Hauptstadt des Silla-Reiches Kyŏngju, nicht mehr nachstand. Mit der Errichtung der festen Hauptstadt Heijôkyô beim heutigen Nara im Jahre 710 beginnt eine altjapanische Kulturepoche, die zwar noch kontinental erscheint, jedoch schon von den Japanern selbst getragen wird. Noch immer tauchen Namen von Einwanderern aus Korea oder China auf, doch sie bilden jetzt bereits eine marginale Größe; allenfalls die Lehrmönche und Wissenschaftler aus T'ang-China stellen einen kulturell bedeutsamen Faktor dar. Der koreanische Anteil am Werden Japans ist jedoch in der Nara-Zeit (710–786) bereits im Inselvolke und seiner Kultur weitgehend eingeschmolzen, wenn er auch nach wie vor, beispielsweise in der buddhistischen Kunst, der höfischen Musik oder in der chinesischen Schreibweise des Japanischen, offenbar ist[93].

Kommen wir zum Abschluß noch einmal auf das anfangs erwähnte Hügelgrab Takamatsuzuka zurück, das 1972 geöffnet wurde und dessen Anlage und Wandmalereien neue Spekulationen über die kontinentalen Bindungen der altjapanischen Kultur wie überhaupt über die Herkunft des japanischen Volkes auslösten. Das Grab liegt im Asuka-Gebiet des Nara-Beckens, wo zahlreiche Einwanderer von Stand und Wissen angesiedelt worden waren.

[92] Das Kudara-ki (kor. Paekchegi), Kudara-shinsen (kor. Paekche-sinsŏn), Kudara-hongi (kor. Paekche-pongi). Vgl. Sh. Mishina: Nihon-shoki Chôsen-kankei kiji-kôshô (Untersuchungen über die Korea-bezüglichen Berichte im Nihon-shoki). Tôkyô 1962.

[93] Das System der altjap. Manyôgana entspricht der Schreibweise der altkor. Hyang'ga (hyangch'al). Vgl. F. Vos: Korean Writing: The Hyang'ga. In: Papers of the C. I. C. Far Eastern Language Institute 1963. Ann Arbor 1964, S. 28.

Das Grab ist mit großer Wahrscheinlichkeit in den Dezennien um die Wende vom 7. zum 8. Jh. entstanden. Grabanlage und Wandmalereien, die gut erhalten sind, erinnern an ähnliche Hügelgräber in Korea, aber auch an chinesische Adelsgräber der T'ang-Zeit. Die Kleidung der abgebildeten Gestalten zeigt Ähnlichkeit mit derjenigen, die wir aus den Koguryŏ-Grabmalereien kennen. Wer im Takamatsuzuka beigesetzt ist, wissen wir nicht: Es kann ein Angehöriger des Fremdadels, einer der adligen Flüchtlinge aus Koguryŏ oder Paekche nach dem Untergang dieser Staaten gewesen sein, aber auch seine Zugehörigkeit zum japanischen Adel, ja selbst zum Tennô-Klan, ist nicht auszuschließen. Dieser viel diskutierten Frage soll hier nicht weiter nachgegangen werden[94]. Halten wir jedoch am Ende fest, daß die Grabanlage des Takamatsuzuka noch einmal beredt von den Bindungen der altjapanischen Kultur an die durch Korea vermittelte kontinentale Kultur chinesischer Prägung kündet.

[94] Über den Gesamtkomplex unterrichtet der von M. Suenaga und M. Inoue herausgegebene Sammelband „Takamatsuzuka-kofun to Asuka" (Das Hügelgrab Takamatsuzuka und Asuka) (Tôkyô 1972) mit Beiträgen von 25 japanischen und koreanischen Fachleuten.

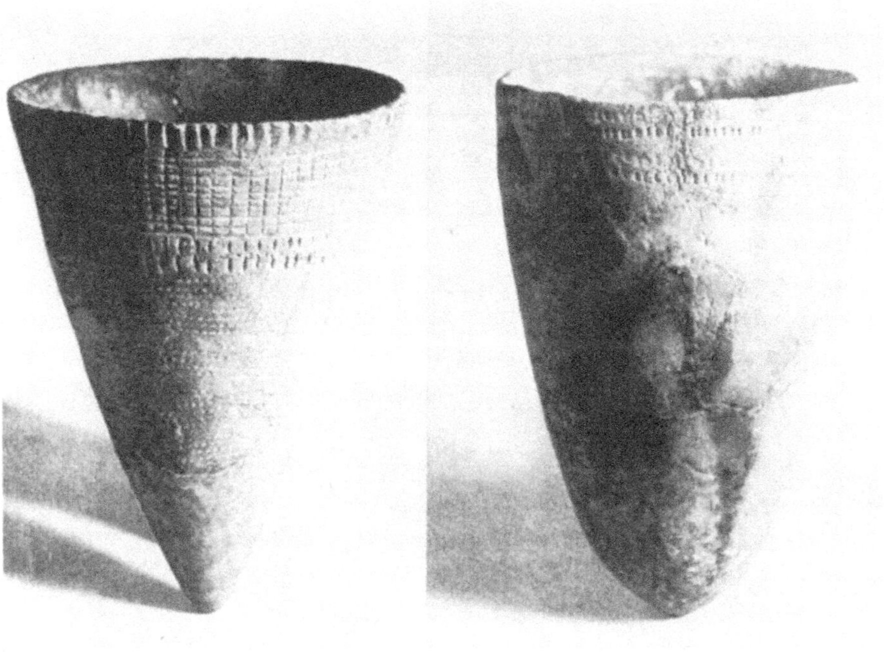

1 Spitzbödige Keramikgefäße aus der frühen Jōmon-Epoche (Fundorte in Nordjapan, Präf. Miyagi und Iwate)

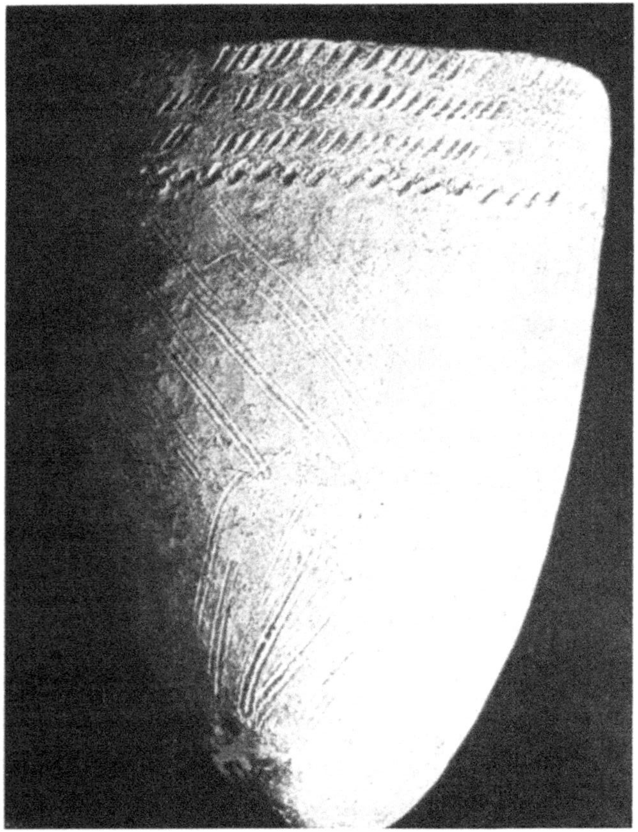

2 Koreanische Kammkeramik. Spitzbödiges Gefäß aus der Jungsteinzeit (Höhe 21 cm. Fundort: Seoul)

3 Koreanische Glattkeramik. Gefäß aus der Bronzezeit (1. Jh. v. Chr. Höhe: 44,5 cm. Fundort in Zentralkorea, Provinz Kyŏnggi)

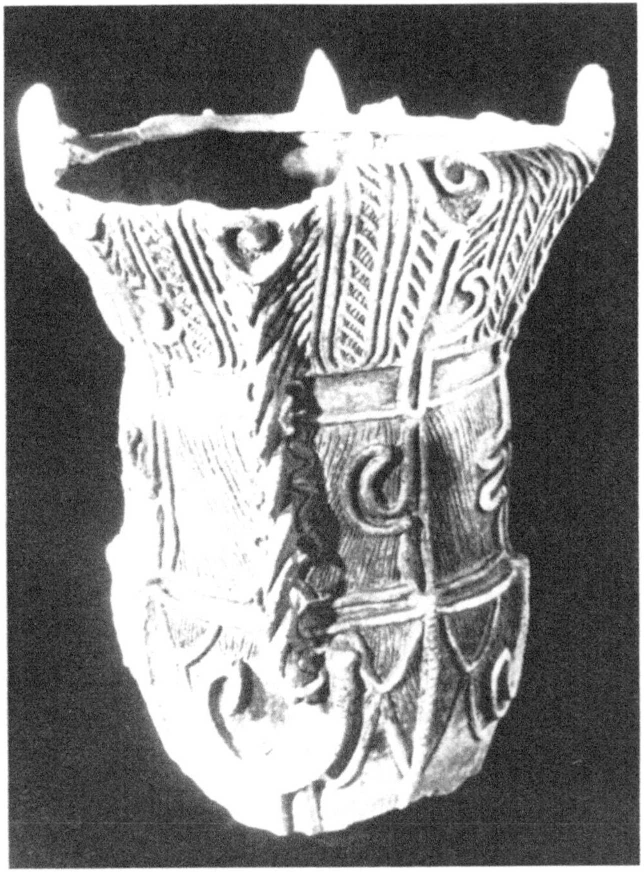

4 Keramisches Vorratsgefäß aus der mittleren Jōmon-Epoche (Fundort in Ostjapan, Präf. Nagano)

5 Irdener Henkeltopf aus der späten Jōmon-Epoche (Fundort in Ostjapan, Präf. Ibaraki)

6 Keramikgefäß aus der Yayoi-Epoche (Fundort in Zentraljapan, Präf. Aichi)

7 Haniwa-Figur eines Hauses mit sog. Irimoya-Dach (Hügelgräberzeit, Fundort in Zentraljapan, Präf. Nara, Höhe 47,7 cm)

8 Haniwa-Figur einer sitzenden Frau (Hügelgräberzeit, Fundort in Ostjapan, Präf. Gumma, Höhe 68,5 cm) ▶

10 Haniwa-Figur eines Pferdes (Hügelgräberzeit, Fundort in Ostjapan, Präf. Saitama, Höhe 87,5 cm)

◀ 9 Haniwa-Figur eines Kriegers (Hügelgräberzeit, Fundort in Ostjapan, Präf. Gumma, Höhe 125 cm)

12 Gedenkstein zu Ehren des Koguryŏ-Herrschers Hot'ae-wang aus dem Jahre 414 (Chi-an, Mittellauf des Yalu, Mandschurei)

◀ 11 Altes Schriftdenkmal aus Koguryŏ. Textabklatsch der Südseite des Hot'ae-wang-Gedenksteins (s. a. Abb. 12)

13 Koreanischer Maitreya aus der Zeit der Drei-Reiche (ca. 600). (Vergoldete Bronze, Tŏksu-Palast-Museum, Seoul)

14 Japanischer Maitreya aus der Hakuhō-Zeit (666 n. Chr.). (Vergoldete Bronze, Staatl. Museum, Tōkyō)

15 Shōtoku-taishi (574–622) in Begleitung zweier Prinzen (Gemälde auf Papier aus dem 8. Jh., urspr. im Tempel Hōryūji, Zentraljapan)

16 Aufnahme der chinesischen Schrift in Japan. Ausschnitt aus einer illustrierten Schriftrolle mit dem buddhistischen Sutrentext. Ingakyō (8. Jh.)

18 Berittener aus Koguryŏ. Ausschnitt aus einer Jagdszene an der Westwand der Grabkammer des sog. Tänzerhügelgrabes (Chi-an in der Mandschurei, 6. Jh.)

◀ 17 Koguryŏ-Krieger. Wandmalerei im sog. Dreikammergrab (Chi-an in der Mandschurei, 5.–6. Jh.)

19 Bildnis einer Koguryŏ-Adligen. Wandmalerei aus dem Hügelgrab im Dorfe Susan (Nordkorea, P'yŏngan-namdo, 5. Jh.)

20 Weibliche Gruppe. Wandmalerei an der Westseite der Grabkammer des Takamatsu-Grabes (Zentraljapan, Nara-Becken, um 600 n. Chr.)

176	*Heinz-Dietrich Wendland, Münster*	Die Krisis der Volkskirche – Zerfall oder Gestaltwandel?
177	*Gerhard Kegel, Köln*	Zur Schenkung von Todes wegen
178	*Theodor Schieder, Köln*	Hermann Rauschnings „Gespräche mit Hitler" als Geschichtsquelle
179	*Friedrich Nowakowski, Innsbruck*	Probleme der österreichischen Strafrechtsreform
180	*Karl Gustav Fellerer, Köln*	Der Stilwandel in der abendländischen Musik um 1600
181	*Georg Kauffmann, Münster*	Michelangelo und das Problem der Säkularisation
182	*Harry Westermann, Münster*	Freiheit des Unternehmers und des Grundeigentümers und ihre Pflichtenbindungen im öffentlichen Interesse nach dem Referentenentwurf eines Bundesberggesetzes
183	*Ernst-Wolfgang Böckenförde, Bielefeld*	Die verfassungstheoretische Unterscheidung von Staat und Gesellschaft als Bedingung der individuellen Freiheit
184	*Kurt Bittel, Berlin*	Archäologische Forschungsprobleme zur Frühgeschichte Kleinasiens
185	*Paul Egon Hübinger, Bonn*	Die letzten Worte Papst Gregors VII.
186	*Günter Kahle, Köln*	Das Kaukasusprojekt der Alliierten vom Jahre 1940
187	*Hans Erich Stier, Münster*	Welteroberung und Weltfriede im Wirken Alexanders d. Gr.
188	*Jacques Droz, Paris*	Einfluß der deutschen Sozialdemokratie auf den französischen Sozialismus (1871–1914)
189	*Eleanor v. Erdberg-Consten, Aachen*	Die Architektur Taiwans Ein Beitrag zur Geschichte der chinesischen Baukunst
190	*Herbert von Einem, Bonn*	Die Medicimadonna Michelangelos
191	*Ulrich Scheuner, Bonn*	Das Mehrheitsprinzip in der Demokratie
192	*Theodor Schieder, Köln*	Probleme einer europäischen Geschichte Jahresfeier am 30. Mai 1973
193	*Erich Otremba, Köln*	Die „Kanalstadt". Der Siedlungsraum beiderseits des Ärmelkanals in raumdynamischer Betrachtung
194	*Max Wehrli, Zürich*	Wolframs ‚Titurel'
195	*Heinrich Dörrie, Münster*	Pygmalion – Ein Impuls Ovids und seine Wirkungen bis in die Gegenwart
196	*Jan Hendrik Waszink, Leiden*	Biene und Honig als Symbol des Dichters und der Dichtung in der griechisch-römischen Antike
197	*Henry Chadwick, Oxford*	Betrachtungen über das Gewissen in der griechischen, jüdischen und christlichen Tradition
198	*Ernst Benda, Karlsruhe*	Gefährdungen der Menschenwürde
199	*Herbert von Einem, Bonn*	‚Die Folgen des Krieges'. Ein Alterswerk von Peter Paul Rubens
200	*Hansjakob Seiler, Köln*	Das linguistische Universalienproblem in neuer Sicht
201	*Werner Flume, Bonn*	Gewohnheitsrecht und römisches Recht
202	*Rudolf Morsey, Speyer*	Zur Entstehung, Authentizität und Kritik von Brünings „Memoiren 1918–1934"
203	*Stephan Skalweit, Bonn*	Der „moderne Staat". Ein historischer Begriff und seine Problematik
204	*Ludwig Landgrebe, Köln*	Der Streit um die philosophischen Grundlagen der Gesellschaftstheorie
205	*Elmar Edel, Bonn*	Ägyptische Ärzte und ägyptische Medizin am hethitischen Königshof Neue Funde von Keilschriftbriefen Ramses' II. aus Bogazköy
206	*Eduard Hegel, Bonn*	Die katholische Kirche Deutschlands unter dem Einfluß der Aufklärung des 18. Jahrhunderts
207	*Friedrich Ohly, Münster*	Der Verfluchte und der Erwählte. Vom Leben mit der Schuld
208	*Siegfried Herrmann, Bochum*	Ursprung und Funktion der Prophetie im alten Israel
209	*Theodor Schieffer, Köln*	Krisenpunkte des Hochmittelalters
210	*Ulrich Scheuner, Bonn*	Die Vereinten Nationen als Faktor der internationalen Politik
211	*Heinrich Dörrie, Münster*	Von Platon zum Platonismus Ein Bruch in der Überlieferung und seine Überwindung
212	*Karl Gustav Fellerer, Köln*	Der Akademismus in der deutschen Musik des 19. Jahrhunderts
213	*Hans Kauffmann, Bonn*	Probleme griechischer Säulen
214	*Ivan Dujčev, Sofia*	Heidnische Philosophen und Schriftsteller in der alten bulgarischen Wandmalerei
215	*Bruno Lewin, Bochum*	Der koreanische Anteil am Werden Japans
216	*Tilemann Grimm, Tübingen*	Meister Kung Zur Geschichte der Wirkungen des Konfuzius

Veröffentlichungen
der Arbeitsgemeinschaft für Forschung des Landes Nordrhein-Westfalen,
jetzt: Rheinisch-Westfälische Akademie der Wissenschaften

Neuerscheinungen 1968 bis 1976

Vorträge G *Heft Nr.*		GEISTESWISSENSCHAFTEN
145	*Heinz-Dietrich Wendland, Münster*	Die Ökumenische Bewegung und das II. Vatikanische Konzil
146	*Hubert Jedin, Bonn*	Vaticanum II und Tridentinum
147	*Helmut Schelsky, Münster*	Schwerpunktbildung der Forschung in einem Lande
	Ludwig E. Feinendegen, Jülich	Forschungszusammenarbeit benachbarter Disziplinen am Beispiel der Lebenswissenschaften in ihrem Zusammenhang mit dem Atomgebiet
148	*Herbert von Einem, Bonn*	Die Tragödie der Karlsfresken Alfred Rethels
149	*Carl A. Willemsen, Bonn*	Die Bauten der Hohenstaufen in Süditalien. Neue Grabungs- und Forschungsergebnisse
150	*Hans Flasche, Hamburg*	Die Struktur des Auto Sacramental „Los Encantos de la Culpa" von Calderón Antiker Mythos in christlicher Umprägung
151	*Joseph Henninger, Bonn*	Über Lebensraum und Lebensformen der Frühsemiten
152	*François Seydoux de Clausonne, Bonn*	Betrachtungen über die deutsch-französischen Beziehungen von Briand bis de Gaulle
153	*Günter Kahle, Köln*	Bartolomé de las Casas
154	*Johannes Holthusen, Bochum*	Prinzipien der Komposition und des Erzählens bei Dostojevskij
155	*Paul Mikat, Düsseldorf*	Die Bedeutung der Begriffe Stasis und Aponoia für das Verständnis des 1. Clemensbriefes
156	*Dieter Nörr, Münster*	Die Entstehung der *longi temporis praescriptio.* Studien zum Einfluß der Zeit im Recht und zur Rechtspolitik in der Kaiserzeit
157	*Theodor Schieder, Köln*	Zum Problem des Staatenpluralismus in der modernen Welt
158	*Ludwig Landgrebe, Köln*	Über einige Grundfragen der Philosophie der Politik
159	*Hans Erich Stier, Münster*	Die geschichtliche Bedeutung des Hellenennamens
160	*Friedrich Halstenberg, Düsseldorf*	Nordrhein-Westfalen im nordwesteuropäischen Raum: Aufgaben und Probleme gemeinsamer Planung und Entwicklung
161	*Wilhelm Hennis, Freiburg i. Br.*	Demokratisierung – Zur Problematik eines Begriffs
162	*Günter Stratenwerth, Basel*	Leitprinzipien der Strafrechtsreform
	Hans Schulz, Bern	Kriminalpolitische Aspekte der Strafrechtsreform
163	*Rüdiger Schott, Münster*	Aus Leben und Dichtung eines westafrikanischen Bauernvolkes – Ergebnisse völkerkundlicher Forschungen bei den Bulsa in Nord-Ghana 1966/67
164	*Arno Esch, Bonn*	James Joyce und sein *Ulysses*
165	*Edward J. M. Kroker, Königstein*	Die Strafe im chinesischen Recht
166	*Max Braubach †, Bonn*	Beethovens Abschied von Bonn
167	*Erich Dinkler, Heidelberg*	Der Einzug in Jerusalem. Ikonographische Untersuchungen im Anschluß an ein bisher unbekanntes Sarkophagfragment Mit einem epigraphischen Beitrag von Hugo Brandenburg
168	*Gustaf Wingren, Lund*	Martin Luther in zwei Funktionen
169	*Herbert von Einem, Bonn*	Das Programm der Stanza della Segnatura im Vatikan
170	*Hans-Georg Gadamer, Heidelberg*	Die Begriffsgeschichte und die Sprache der Philosophie
171	*Theodor Kraus †, Köln*	Die Gemeinde und ihr Territorium – Fünf Gemeinden der Niederrheinlande in geographischer Sicht
172	*Ernst Langlotz, Bonn*	Der architekturgeschichtliche Ursprung der christlichen Basilika
173	*Hermann Conrad †, Bonn*	Staatsgedanke und Staatspraxis des aufgeklärten Absolutismus Jahresfeier am 10. Mai 1971
174	*Tilemann Grimm, Bochum*	Chinas Traditionen im Umbruch der Zeit
175	*Hans Erich Stier, Münster*	Der Untergang der klassischen Demokratie

WISSENSCHAFTLICHE ABHANDLUNGEN

WA Band Nr.		
10	*Hermann Conrad und Gerd Kleinheyer, Bonn*	Vorträge über Recht und Staat von Carl Gottlieb Svarez (1746–1798)
11	*Georg Schreiber †, Münster*	Die Wochentage im Erlebnis der Ostkirche und des christlichen Abendlandes
12	*Günther Bandmann, Bonn*	Melancholie und Musik. Ikonographische Studien
13	*Wilhelm Goerdt, Münster*	Fragen der Philosophie. Ein Materialbeitrag zur Erforschung der Sowjetphilosophie im Spiegel der Zeitschrift „Voprosy Filosofii" 1947–1956
14	*Anton Moortgat, Berlin*	Tell Chuēra in Nordost-Syrien. Vorläufiger Bericht über die Grabung 1958
15	*Gerd Dicke, Krefeld*	Der Identitätsgedanke bei Feuerbach und Marx
16a	*Helmut Gipper, Bonn, und Hans Schwarz, Münster*	Bibliographisches Handbuch zur Sprachinhaltsforschung, Teil I. Schrifttum zur Sprachinhaltsforschung in alphabetischer Folge nach Verfassern — mit Besprechungen und Inhaltshinweisen (Erscheint in Lieferungen: bisher Bd. I, Lfg. 1–7; Lfg. 8–13)
17	*Thea Buyken, Bonn*	Das römische Recht in den Constitutionen von Melfi
18	*Lee E. Farr, Brookhaven, Hugo Wilhelm Knipping, Köln, und William H. Lewis, New York*	Nuklearmedizin in der Klinik. Symposion in Köln und Jülich unter besonderer Berücksichtigung der Krebs- und Kreislaufkrankheiten
19	*Hans Schwippert, Düsseldorf, Volker Aschoff, Aachen, u. a.*	Das Karl-Arnold-Haus. Haus der Wissenschaften der Arbeitsgemeinschaft für Forschung des Landes Nordrhein-Westfalen in Düsseldorf. Planungs- und Bauberichte (Herausgegeben von Leo Brandt, Düsseldorf)
20	*Theodor Schieder, Köln*	Das deutsche Kaiserreich von 1871 als Nationalstaat
21	*Georg Schreiber †, Münster*	Der Bergbau in Geschichte, Ethos und Sakralkultur
22	*Max Braubach, Bonn*	Die Geheimdiplomatie des Prinzen Eugen von Savoyen
23	*Walter F. Schirmer, Bonn, und Ulrich Broich, Göttingen*	Studien zum literarischen Patronat im England des 12. Jahrhunderts
24	*Anton Moortgat, Berlin*	Tell Chuēra in Nordost-Syrien. Vorläufiger Bericht über die dritte Grabungskampagne 1960
25	*Margarete Newels, Bonn*	Poetica de Aristoteles traducida de latin. Ilustrada y comentada por Juan Pablo Martir Rizo (erste kritische Ausgabe des spanischen Textes)
26	*Vilho Niitemaa, Turku, Pentti Renvall, Helsinki, Erich Kunze, Helsinki, und Oscar Nikula, Åbo*	Finnland — gestern und heute
27	*Ahasver von Brandt, Heidelberg, Paul Johansen, Hamburg, Hans van Werveke, Gent, Kjell Kumlien, Stockholm, Hermann Kellenbenz, Köln*	Die Deutsche Hanse als Mittler zwischen Ost und West
28	*Hermann Conrad, Gerd Kleinheyer, Thea Buyken und Martin Herold, Bonn*	Recht und Verfassung des Reiches in der Zeit Maria Theresias. Die Vorträge zum Unterricht des Erzherzogs Joseph im Natur- und Völkerrecht sowie im Deutschen Staats- und Lehnrecht
29	*Erich Dinkler, Heidelberg*	Das Apsismosaik von S. Apollinare in Classe
30	*Walther Hubatsch, Bonn, Bernhard Stasiewski, Bonn, Reinhard Wittram, Göttingen, Ludwig Petry, Mainz, und Erich Keyser, Marburg (Lahn)*	Deutsche Universitäten und Hochschulen im Osten
31	*Anton Moortgat, Berlin*	Tell Chuēra in Nordost-Syrien. Bericht über die vierte Grabungskampagne 1963
32	*Albrecht Dihle, Köln*	Umstrittene Daten. Untersuchungen zum Auftreten der Griechen am Roten Meer

Verzeichnisse sämtlicher Veröffentlichungen der Arbeitsgemeinschaft für Forschung des Landes Nordrhein-Westfalen, jetzt der Rheinisch-Westfälischen Akademie der Wissenschaften, können beim Westdeutschen Verlag GmbH, 567 Opladen, Ophovener Str. 1–3, angefordert werden

GPSR Compliance

The European Union's (EU) General Product Safety Regulation (GPSR) is a set of rules that requires consumer products to be safe and our obligations to ensure this.

If you have any concerns about our products, you can contact us on ProductSafety@springernature.com

In case Publisher is established outside the EU, the EU authorized representative is:

Springer Nature Customer Service Center GmbH
Europaplatz 3
69115 Heidelberg, Germany

Batch number: 10809636

Printed by Printforce, the Netherlands